智元微库
OPEN MIND

成长也是一种美好

［法］克里斯托夫·安德烈———著

方晖———译

有效的安慰

Consolations
Celles que l'on reçoit
et celles que l'on donne

人民邮电出版社
北京

图书在版编目（CIP）数据

有效的安慰 / （法）克里斯托夫·安德烈著；方晖
译. -- 北京：人民邮电出版社，2023.2
ISBN 978-7-115-60269-5

Ⅰ．①有… Ⅱ．①克… ②方… Ⅲ．①情绪－自我控
制 Ⅳ．①B842.6

中国版本图书馆CIP数据核字(2022)第193546号

◆　　著　[法]克里斯托夫·安德烈
　　　　译　方　晖
　　责任编辑　张渝涓
　　责任印制　周昇亮

◆人民邮电出版社出版发行　　北京市丰台区成寿寺路 11 号
　　邮编 100164　电子邮件 315@ptpress.com.cn
　　网址 https://www.ptpress.com.cn
　　北京世纪恒宇印刷有限公司印刷

◆开本：880×1230　1/32
　　印张：8.25　　　　　　　2023 年 2 月第 1 版
　　字数：200 千字　　　　　2024 年 12 月北京第 4 次印刷
　　著作权合同登记号　图字：01-2022-2375 号

定 价：59.80 元
读者服务热线：（010）81055522　印装质量热线：（010）81055316
反盗版热线：（010）81055315
广告经营许可证：京东市监广登字20170147号

致　爱迪特

"佘烬只是向我证明了曾经的火焰。"

——维克多·雨果
《市民的葬礼》

渴求安慰

长期以来，我对安慰一直持漠视态度。作为精神病医生，我满足于治疗来访者；作为作者，我满足于说明观点和鼓励读者；作为一个人，我满足于为别人鼓劲儿。

有一天，我得了重病，我觉得我的人生或许会比预想中的提前结束。我并未因此感到焦虑，但我对自己尚未厌倦人生却必须被迫结束它感到悲伤。不过，这份悲伤没有让我逃避人世，反而推动我更加专心地观察这个世界。和很多受到死亡威胁的人一样，我发现人生是美好的；也像他们中的许多人一样，我发现自己极其需要安慰。在我的身心极其脆弱时，一个微笑、一声鸟鸣、一丝友善或美好都能给我带来莫大的慰藉。

几经住院治疗，我回到家中开始整理文件、物品，以防不测。在整理打算送人的精神病学旧书时，我发现了一张以前的来访者赠送的签名书签。他来自图卢兹，是个精神焦虑、物质成瘾的躁郁症患者，但我相当喜欢他。对他进行治疗并使他的病情稳定极其困难，但他只愿意找我。他几乎没有错过任何一次诊疗，即使他状态很差也会来。他偶尔会因为感到羞愧、不愿来见我而消失一小段时间。

这张书签上写着寥寥数语："亲爱的安德烈医生，谢谢您在和我一起时给予我的耐心和巨大信任。菲利普。"菲利普[①]在我离开图卢兹后不久就自杀了，这是他的同伴告诉我的。

当我得知这一消息时，他的治疗过程在我眼前浮现。我想，在治疗他这方面我失败了（他也确实毫不配合治疗），但我当时没有意识到自己几乎总能成功地抚慰他。

当我的治疗工作不顺利时，我会自问为何来访者还会来找我而且从不失约并对我们的重逢感到很高兴。我想如果我是来访者，我可能早就换医生了。

那时的我漠视安慰的作用，坚信优秀的医生就是能够治愈来访者。我尚未明白，除了科学和对患者的善意，我还能带给他们帮助和安慰，包括温情、友爱、真诚等。我也许在自己浑然不知的情况下给了来访者这些东西，至少是其中一部分，可是那时我只专注于自己未能成功做到的事（治愈），却对自己已经做到的

---

① 书中的所有人名都为化名。

事（安慰）一无所知。

最终，尽管病了一场，但我还在人世。死亡将我紧紧擒住，然后又放回生命之中。我并未因这段经历而精神受创或充满忧虑，而是心情平和，对依旧活着充满了欢喜，这应该如何解释呢？

也许是因为我发现了安慰的作用远远超越了一时的鼓舞，安慰是一种与暴风雨并存的生活方式、一种爱的宣言、一首温柔的歌，它将世界与其中的美好和不幸重新联结起来。

安慰就像一根贯穿我们一生的红线，从生到死，我们会不断地接触它并获得它。在孩童时期，我们尽情地索要它；在成年之后，我们隐秘地寻求它。

安慰，是在现实无法改变时，我们所希望拥有的或能提供的。

它将我们扶起，令我们暂时不那么失望和灰心，慢慢地将生命的乐趣带回我们身上。

但愿这本书不仅是一本关于安慰的书，也是一本带来安慰的书……

我不知道我能否安慰您

玛丽：

　　您好！

　　在您如此痛苦的情况下认识您，我感到很遗憾。我感谢您在讲述您的不幸时对我们表示的信任。

　　我不知道我能否安慰您。

　　安慰是件困难的事情，它什么都不能修复，也不能改变让人痛苦的事实。我们知道，话语只能带来短暂的鼓舞，有时连鼓舞都做不到，有时甚至会带来更多的痛苦，因为它们可能笨拙、无力，还不合时宜。

　　但是，我们不能就此罢手，不能听任一切话语都无法减轻一位失去孩子的母亲的痛苦。我谨此向您倾吐我的肺腑之言，那就是假如我碰上您所遭遇过的巨大不幸，我将如何尽力去做。

当我们被痛苦吞噬并被它卷起的一切负面情绪（如后悔、绝望、罪恶感、恐惧、嫉妒、愤怒等）淹没时，我觉得我们可以尽力遵循两个大方向。

第一，尽我们所能保持和世界的联系，不要与世隔绝，不要退缩到个人痛苦和不幸中，即便这份联系会令我们感到煎熬。尽管我们的所爱之人不在人世了，但是这份联系会帮助我们逐渐重拾对生活的信心。

第二，我们要给自己继续活下去的基本权利。露西在天上依旧爱着您，支持着您，她要您活下去，去欣赏天空、太阳、怒放的花朵和欢笑的孩子。尽管有磨难和尚存的悲哀，但您仍要带着微笑。这份悲哀永远不会离您而去，它会渐渐变得柔和并最终带给您一份安宁，它会使您回想起和露西一起经历的所有幸福时刻，令您淡淡地微笑，不会再惹您哭泣或叹息。您将因为有过这样一个女儿而真切地感到幸福，因为她曾经如此体贴动人、宽宏大量。您会为所有这些在她身边度过的快乐时光、为她曾经如此热爱生活而感到幸福。

永远不要忘却这些快乐，这至关重要，永远不要排斥偶尔浮现的悲伤和痛楚，即便它们像遮住了阳光的乌云。重要的是，让您的情绪自然流淌吧，时不时地回想露西给您带来的快乐，让它们在您的心灵深处始终栩栩如生。

您还要留意所有未来在生活中渐渐重现的细微快乐。它们就像在这条崎岖难行的路的路边绽放的小花，起初您也许不会在意它。不要听从那些要您"接受现状"的人，也不要责怪他们。这条路，您要按自己的速度来走，谁也不能强迫您加快脚步，也不能代您前行。您要慢慢地来，尽可能频繁地眺望远方，遥望天空和星星。请不要仅是看看它们而已，您要真正地、经常地注视它们，一边深深地呼吸，一边怀念露西，一边微笑。

您在信中引用了她的格言："幸福就是令他人幸福。"这句格言因其简单、慷慨和智慧而不同凡响。您女儿曾经很优秀，如今依旧出色。让她在您心中活着，继续对她说话，和她分享您在今后的漫漫长路上遇见的所有美好时刻。

请多多珍重，我时刻牵挂着您。

拥抱您。

真诚友好的

克里斯托夫·安德烈

这封信是写给一位痛失女儿的母亲的，她的孩子于 2015 年在巴黎巴塔克兰剧院遭遇不幸。她给当时正在巴黎圣安娜医院工作的我写了一封信。

目录

第一章　安慰

何为安慰 / 003

安慰的美感 / 007

第二章　何为不幸

人生中无法避免的三件事 / 018

哀悼的不幸 / 026

世上的暴力和疯狂 / 030

总有更糟的情况…… / 033

一般的逆境 / 034

无缘无故的悲伤 / 040

不幸的持续性 / 042

不幸的机制 / 045

不幸蕴藏的危险和无法安慰的风险 / 048

安慰的需要 / 051

第三章　安慰之路：重建联系

与世界重建联系 / 059

和他人重建联系 / 069

和自身重建联系 / 080

第四章　安慰他人

如何安慰 / 094

安慰的企图 / 104

笨拙的方式和简单的规则 / 109

安慰艺术的天才 / 114

第五章 接受并接纳安慰

接受安慰 / 128

难以安慰之人 / 138

安慰就是爱 / 142

接纳安慰是种生活态度 / 145

第六章 安慰之道

自然是伟大的安慰之源 / 152

行动和娱乐 / 159

安慰中的消遣理论 / 163

沉思带来的安慰 / 180

相信并听从命运 / 188

通过探寻意义而艰难获得的安慰 / 192

第七章 不幸和安慰的遗赠

不幸会令我们更加强大吗 / 205

不幸可能带来的三类遗赠 / 210

安慰可能留下的三份遗赠 / 221

一切都未结束……/231

法文推荐书目及相关评论 /233

致谢 /235

注释 /237

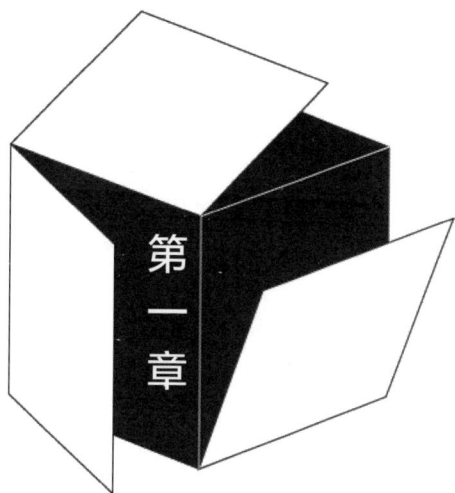

第一章

安　慰

何为安慰

我们安慰他人是希望减轻他们的某种痛苦。

这句话的意思包括三层含义：

- 希望（并不确信结果如何）；
- 减轻（不过无法消除造成痛苦的根源）；
- 某种痛苦（造成感情冲击的一切挫折和不幸）。

安慰既是予以抚慰的一切表示（比如亲人的关爱、让我们忙碌不休的行动，以及在挫折不太严重的情况下疏解情绪的生活），也是一种历程。在此过程中，我们从痛苦过渡到对这份痛苦的回忆，从万箭穿心到隐隐作痛，从不知所措到懵懂觉醒，从独自一人走到彼此相联，从伤口变成伤疤……

更细致地看，我们可以认为安慰是：

- 我们可以提供的（包括话语和举动）一切；
- 对方是处于苦难、逆境、痛苦和悲伤中的人；

- 目的是（在第一时间里）让对方好受些，减轻对方的
痛苦；
- （长远来看）帮助对方继续生活。

鼓舞和安慰之间有何区别？鼓舞是痛苦被即刻缓解，这当然
已经相当难能可贵了，但安慰的愿望常常范围更广、层次更高、
时效更长。相较之下，安慰具有更广阔的含义。

在某种程度上，鼓舞是想让痛苦之人重返社会和职场，而安
慰着眼于痛苦之人的内心而非行动的有效性。因此，鼓舞可被
理解为安慰的一种宝贵结果，或是一种更关注行动而非情感的
安慰。

安慰并非寻求解决办法。寻求解决办法的目标是改变现实，
而安慰的目标是减轻痛苦。被安慰，不是严格意义上的得到帮
助，不是得到某种能改变现状或使人可以更改现状的帮助。安慰
针对的不是引起痛苦的逆境而是痛苦之人：安慰是对内心而非外
在的帮助。当人可以采取行动时，安慰只起到次要作用（不过依
旧是有用的）。

假如有人摔倒，解决办法是扶他起来，而不是安慰他，任他
倒在地上。不过，在扶起他之后，我们也可以确认他是否因为害
怕、觉得丢脸或摔疼了等而需要安慰。

祖父摔了一跤

我记得祖父在我眼前摔的第一跤。我当时大概 20 岁，正在大学念医科。当时祖父被人行道上的一个小坑绊了一下，摔倒了。我急忙向他走去，要确认他是否安然无恙，而他很快站起身，只是有几处擦伤。我担心他身体受伤，但我立刻明白，他的伤痕是心理上的：这样摔倒让自己看起来像个弱不禁风的老头，而且是在所有人尤其是在敬重他的孙子面前。于是，或许是出于直觉，我努力通过转移他对自己脆弱的身体的注意力来安慰他，让他将注意力转移到我身上（"哎呀！爷爷，你吓了我一大跳"）、人行道上（"有这样的坑真不可理喻，大家都会在这里摔倒"），或者他的鞋子上（"爷爷你应该穿运动鞋，这样更贴脚"）。此时安慰他的方法是将他从对自身衰弱的注意中解脱出来，不让他想到自己年老体弱……

安慰的过程有时神秘莫测，其结果或许无法把握。本书提及的安慰过程都是以下四个方面的不同程度的结合体，这四个方面也可以被称作四个不可或缺的 A。

- **温情**（Affection）：即使未经直接表达，一切安慰也都是对痛苦之人的关爱。
- **专注**（Attention）：安慰转移了对痛苦的专注，即使是暂时地、表面地和轻微地，其效果也都是积极的。因为任何

暂时忘却痛苦的行为，都能使痛苦之人好受一些，暂时缓
口气。

- **行动**（Action）：促使对方行动通常比话语和建议更有益，
  最好是参加公共性的和共享性的行动，这能帮助痛苦之人
  重新投入生活。

- **接受**（Acceptation）：接受不幸，并非对此欣欣然或屈服，
  而是承认它的存在。接受是一切心理重建中必不可少的阶
  段。只不过，它更是一种安慰的结果和安慰带来的积极效
  果，因此我们不能直接鼓动对方去接受不幸。这是一个远
  期目标，是安慰者的潜在目的，需要安慰者引导被安慰者
  逐步实现。

安慰的美感

有些话语充满力量，它们能唤醒我们；有些话语娓娓动人，对我们许下承诺；有些话语气势宏大，激起我们连绵的想象和回忆。安慰正是如此，它与我们童年时遭遇的各种琐碎的伤感以及死亡和哀悼等人间苦难有关，包括各种帮助、各种亲昵行为、各种充满关爱和理解的举动，等等。

安慰是脆弱不定的

了解并承认痛苦的话语只能减轻部分痛苦，人们真正希望获得的是不要独自承受这份痛苦。安慰是一种充满爱意的陪伴，即便它有时显得无能为力。

进行安慰的那一刻，可能谁都不知道情形会如何发展。有时，因为安慰者自己正身处不幸之中，一切变得更加不确定，比如身处逆境中的人试图抚慰痛苦的亲人时。但是，来自自身处境不明朗并心存忧虑的人的安慰，也许是最令人感动的，比如受难者之间的安慰、处境艰险者之间的安慰、绝望者之间的安慰……

安慰似乎于事无补

不过没有关系，因为安慰不是一种物质帮助，它不需要安慰者有力量或权力。即使我们觉得自己也脆弱无助，仍然可以安慰他人。安慰除了表现为具体的话语和举动，还可以是一种精神上的支持：一份陪伴、一份意愿、一份人性的分享。

古斯塔夫·蒂蓬[①]曾说："在物质方面，我们只能给予他人我们所拥有的；在精神方面，我们还能给予他人我们所没有的……"[2] 他的话凸显了，作为一种手段，安慰中的大部分力量是潜在难辨的，其中一部分属于精神层面，与生死观念或善恶的真谛相联系。这是安慰和鼓舞的另一个区别。鼓舞通常更单方面倚重物质，我们必须比对方更强大才能鼓舞他。安慰却非如此。

安慰是谨慎低调的

安慰者提建议时通常是轻声细语的，而非像注射强心针那样干脆利索。安慰者会很谨慎，因为他们并不明确对方内心所受伤害的程度，因此他们安慰的话语总是温柔而简单。

---

① 法国哲学家兼作家。——译者注

此外，能安慰人的不单单是话语，还有安慰者和被安慰者之间的联系和彼此的经历，及其与安慰时机等因素的有机结合。经过如此斟酌的话语才能发挥作用。这些话语应该简单、清晰，因为痛苦会妨碍被安慰者理解这些话语（不能对痛苦之人空谈人生）。安慰者还要心怀真诚，以同情的态度，低姿态地说出这些话语，因为安慰者在以亲情、爱情或友情的名义来进行安慰，而非凭借某种学识或经验来安慰并要求对方接受。

安慰是简单而慎重的

我们不应该在安慰这方面自信满满。安慰这门精巧的技能须有安慰者的温柔和被安慰者的接受才能发挥作用，而且双方都必须保持耐心和谦卑，也必须保持一定的观望心态，因为如果心怀执念，痛苦的一方会认定自己内心充满了愤怒或绝望，而提供援助和关爱的一方则确信对方的这份痛苦必须消除，那么安慰也就没有容身之地了。内心有缺口或裂痕的存在，安慰的光芒才能透入，况且其中还蕴藏不少非人力所能掌控的"神秘因素"。在这个迷雾般的情形中，安慰者会竭尽所能地安慰沉浸在悲伤之中的痛苦的一方，而这份悲伤有时强烈得令人心生畏惧，有时却微弱得出人意料。

安慰必须真诚

我们是否始终不能说那些自己不相信的安慰人的话语？未必如此。因为真诚和自己相信与否无关，关键是这些话语能否安抚人。安慰催生的是希望，让被安慰者不再相信他的悲伤和痛苦无药可治，并且开始考虑（仅是考虑）生活是否值得继续下去。安慰寻求重建一丝希望，无论这份希望多么渺茫，它都能缓解痛苦。希望是人在脆弱无助时的一种信心，那些在痛苦中徘徊的人无法凭借力量或权力来修复过去或构建未来，但希望可以给他们信心。

安慰中的真诚应该出自一种意愿，而非一种确信。因此，我们有时会跟垂死的人说他想听的话，诸如他会康复如初，再度焕发生机，不久后便能恢复往日的欢笑。这样做并无不妥，因为这是在向绝望的处境里注入爱，虽然我们不能替对方承受痛苦，但是我们可以尽量陪伴其左右。这不是谎言，而是一种强烈却无法实现的希望。安慰有时切实存在这类优美而带有悲剧性的时刻。

安慰发挥效用需要时间

有时，人们在数年后才会想起某个曾经安慰并令他们振作的话语或举动；有时，安慰的话语如同起到护佑作用的箴言，令人念念不忘。

我记得某位来访者说，我经常在与他们分别时在门口对他们说一些安慰的话语，这对他们而言是一种精神支持，仿佛一道可以战胜逆境的神奇的护身符，帮他们熬过了艰难的时期。我也注意到，这些安慰的话语中鲜有专业建议，通常是些平平无奇的鼓励人的话，谁都可以说。然而，合适的时机、简单而诚挚的态度，其效力已超出话语本身。

安慰的话语有四个发展阶段：

- 说出来并被听见；

- 经过思考和再思考；

- 被安慰者不再有意识地回想它，但它能继续发挥修复和抚慰的作用；

- 最终，它根植于被安慰者的记忆深处，藏在他们的回忆和精神支持的宝库中。它能够在被安慰者陷入困惑时证明生命值得度过，逆境可被克服。

安慰最初的效果有时微不足道

安慰似乎是种平淡的排遣，在一段时间里能有点效果。随后，那些悲哀和绝望的情绪慢慢"回归"，不可避免地会让被安慰者产生一种生无可恋的感觉。痛苦往往在负面情绪产生的初期便席卷了一切，安抚过后仍会卷土重来，这令人沮丧不已，所以安慰不该是一时的支持，而应是长期的陪伴。我们知道，被安慰者在第一时间常有不少人陪伴，之后往往就相当孤单了。其他人，尤其是那些第一时间给予安慰的人，渐渐开始遗忘被安慰者和他们的痛苦。这并不奇怪，大家都有自己的生活，但是被安慰者对安慰的需要却并未消失。

哲学家安德烈·孔特－斯蓬维尔在他的精彩著述《论无法安慰之事》中写道[3]："安慰的哲学，始终很有必要，却总是不尽如人意……"这句话可谓金玉良言。没有了安慰，痛苦会将人淹没；有了安慰，痛苦犹在，但不会占据上风，而会让人相信自己能够渡过难关。

安慰不是一种神奇的修复剂，它是射入黑暗的一丝光明，让我们隐约看到未来依旧模糊的轮廓，并意识到这个未来是可以接受并实现的，当下的黑暗是可以熬过去的，仅此而已。

春天两度为它戴满了鲜花

自从你离开人世，荒凉的原野，

历经两个冬天，失去了碧绿的裙裾，

历经两个春天，再度戴满了鲜花。

任何话语都无法平息痛苦，

理智或飞逝的时间，

也不能让泪水干涸。[4]

　　　　　　马勒布《达蒙阴影下》，1605 年

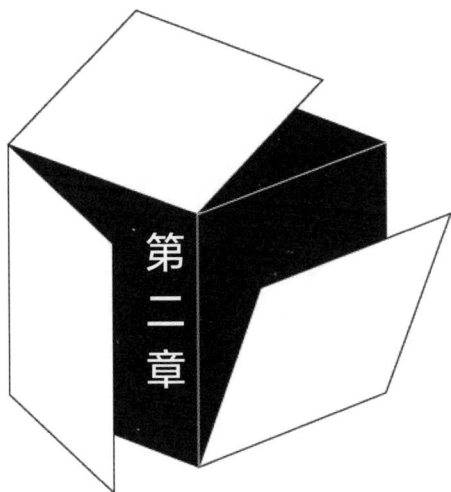

第二章

何为不幸

幼儿时期，我们的种种悲伤都是即刻的：强烈、不容置疑，并很快能得到安抚。

稍大一些，我们体会到了持续的悲伤、内心的痛苦，但我们还是孩子，即使受到伤害，遭遇失败、排挤和不公平的对待，或者身处逆境，仍能迅速地从生活的种种乐趣中得到抚慰。

随后，我们告别童年，进入青少年期，逐渐发现什么是成年人的悲伤，体会到自我受伤和理想受挫。此时的我们还没有足够的精神储备来应对它们，所以难免会感到痛苦。

随着一天天长大，终于，我们发现了无法修复的悲伤，那些没有解决方案、只能寻求安慰的悲伤。这将是每个人的人生必修课：为了与今后可能出现的"无穷的"不幸遭遇相抗衡，我们必须对另一个"无穷的"——无数幸福的时刻保持敏锐的感知。同时，我们还需要学会接受"无穷的"安慰：因为每次摔倒时，它都能帮助我们站起来。

人生中无法避免的三件事

谈论幸福，通常不太容易。对不少人来说，这个话题有点多愁善感，甚至幼稚、可笑。有些人认为，追求幸福是那些条件优越的人的奢侈品，但我想说，事实并非如此。身为精神病医生，我在工作中会经常陪伴那些不幸的人，因此我坚信寻求幸福是一种聪明的生活策略。

当我教授积极心理学课程或做相关讲座时，为了解释人们需要幸福的原因，我经常这样开场："我们将痛苦、衰老和死去。我们所爱的人也是如此，他们将痛苦、衰老和死去。这就是生活！"然后，我不说话了。接下来室内一片忐忑的静默，大家的内心独白是："我们是不是上错课了？"

随后，我解释说："生活就是这样，这一点不容置疑。不过幸运的是，生活不仅如此，因为生活也意味着幸福。所有快乐的时刻，都让我们轻松、安慰和欣喜，让我们明白虽然种种苦难、时间流逝以及终将到来的一死切实存在，但生命仍是美丽的。拥有生命是种恩赐，而经历人生则是种福气。"

幸福以其各种形式，帮助我们应对生活的艰辛。而人生中无法避免的三件事——痛苦、衰老和死亡，将人类组成一个"受难者团体"[5]。

即使我们生活惬意、身体健康并生活在和平国度，这三件事也迟早会在人生路上出现，伴随而来的则是对安慰的需求……

安慰，是因为我们或许都会痛苦

在多数情况下，人们不会遭遇巨大的苦难。然而，各种小困难也会令人不知所措，因为它们似乎层出不穷，在当事人的眼里其严重性会变得不可名状。人们要么挺过去，要么想办法搬救兵，或者有时干脆借助一些治疗手段。但是，即使有外界的支持，这些小困难也常会有些"内部残留"，需要人们自己去承担、消化。

造成更多痛苦和不幸的是疾病和残疾。如果一个人就诊时听到医生说，他本人或他所爱的亲人得了病，而且这种病很严重、会致命，具有退化性且无药可治，那么他接下来会经历特殊而孤独的时刻。他走在街上，但感觉从此和遇到的路人不再相同，因为路人还是充满活力、无忧无虑的，而他已经属于将要死去或受苦的那类人。

如果一个人患上了严重的慢性病，其病情可能加重或者复发，让每次医学跟踪检查都变成某种生死竞猜游戏，那么他必须时刻想着放松一些、随意一些，不要每天都念叨病情，也不要每天都自我评估病情，更不要每天都和健康的人相比。而那些健康的人似乎不知道也不能体会自己有多幸运。

疾病也迫使人们和虚假的希望战斗，应付对康复的渴望以及因无法康复而产生的失望。如果病症会再度出现，或者医学检测证明疾病即使没有发作但也并没有消失，那么人们仍然需要在有生之年继续与其抗争和为其焦虑。有时，疾病会让某些身体功能丧失，时刻提醒病人自身体能的局限，并迫使其时刻克制自己，不要去和过去或他人比较。

综上所述，患病的人需要长期而持续的安慰。当某个事实明显到无法回避时，遗忘和否认都于事无补，我们必须随着时间的流逝，逐步发展一种"微安慰"文化，尽力培养"过好每一天"的简单哲学。也就是说，我们要集中精力应对困难的一天，而不是设想一口气应对十几个、上百个或全部痛苦或艰难的日子。人生中的让人感觉"瞬间即永恒"的时刻，往往是特别幸福或特别痛苦的。"过好每一天"，这既是一种行动的哲学，因为它让人专心做此时此地能做的事；也是一种希望的哲学，因为谁也不知道明天会不会出现转机。希望之所以具有安慰的作用，是因为它解放了我们的注意力，让我们不再总是挂念可能出现的麻烦，而专注于此时此刻的快乐。我不清楚是谁说了这样一句格言："认真过好每一刻，日子自然就会变好。"这句话和本书的观点不谋而合——专注当下，相信未来。

黎明的慰藉

得过重病的人都知道深夜是何等煎熬。在夜里，各种诊疗活动和人员来往都会减少或中断，痛楚和忧虑会占据心神。而且，重病者并非总有勇气求助，如果独自在家，更没有人能给予他们支持了。于是，他们等待黎明，直到看到拂晓才松口气，因为黎明带来了各种"微安慰"：形形色色的人出现了、诊疗活动开始了、人们相互微笑并简单地交谈。我记得有位住院的朋友告诉我，他常在凌晨时分愉快地凝视街上的行人或聆听护士在走廊高声说话。他说："我很清楚病情还在持续，病痛还会持续，但我觉得自己在世上并不孤单。黎明带回了生命的喧嚣和躁动，比夜晚的静止和沉默更能安慰我。"歌德在《浮士德》中有句名言："为了治愈，相信新的一天……[6]"

安慰，是因为我们会衰老

逐渐衰老，是拥有更多的回忆和遗憾，而不再期待未来和计划；是拥有一个越来越像条老船的身躯，它讲述的缤纷故事

越来越动人，但或许因为几度修缮，或许因为屡经风暴，或许
只是因为常年航行，它越来越脆弱。因此，我们必须照顾这条
"船"，不再投入过长的旅程，了解它的局限；而且，不要总是让
它静止不动或闲置不用，不要任其在港口衰败，否则它只会老得
更快……

关于衰老的凄凉的观念和说法比比皆是。古斯塔夫·蒂蓬就
说过一段令人焦虑的话："极度衰老是一片等待穿越的沼泽地。
它处在不再是生命的'生'和尚未变成永远的'死'之间，那是
一段停滞不前而且没有任何未来的时期。[7]"不过，也有令人慰藉
和欣喜的观点，据说，伍迪·艾伦曾说："变老，终究是人们迄
今为止找到的避免死亡的最好方式。"

这令我想起，某天有位女读者在签名会上问了我一个问题：
"该如何定义老当益壮的感觉？"我对这种感觉了然于心，或许
很多人都有过这种感觉，于是我这样回答她："这可以被称为一
种福气！这比未老先衰好得多！"

不过，衰老并非一种真正的福气，这只是人体各项身体功能
或快或慢、或明显或不明显地丧失的过程。我们无须强迫自己认
同它是件好事来安慰自己，我们只需要尽量平静地接受它，同时
记住变老的过程能让我们经历许多美好的事情，并希望来日尚有
一些美好！

"继续生活下去"，我不知道是否有比这更能安慰对衰老的悲

伤（无论它是温和的还是强烈的）的话语。"幸福地老去"也许就是放弃各种遗憾，继续各种规划，珍藏回忆并不再担忧未来，尽可能地让未来过得更好。

你身上尚存的优雅

生活将一对相爱的年轻男女分开了，但他们还会时不时地互传充满关爱的短信。生活艰难之时，他们相互支持。有一天，她写给他这样一段话："昨天，我在街上遇见一位相当俊朗的老先生。他谨慎前行，但腰板挺直，目光炯炯有神。他的身上有衰弱的气息，但更有一种与之并存的安宁和自信。我立刻想到了你，我对自己说，你在像他那样老迈的那天，会和他相似。我幻想岁月在我们的面容和身体上流逝，令我感动不已。我欣慰地见到，真正的美是经得起岁月考验的。我们常常带着某种宽容和谎言来谈论老年人的美，然而这种美确实存在。每当我偶遇你，我就会产生这种感觉。我觉得我们终将老去，但是某种优雅依然存在。"

安慰，是因为我们会死去

有趣的是，我们有时会通过简单地告诉自己还活着来安慰自己，虽然活着也就意味着某天会死去。生而为人，我们很早就意识到人是会死的，并且经常或时刻把它记在心上。既然自然规定了人类终会衰老死亡，我们就应该在这个方面寻求某种安慰。

上文提到，生命中总会有痛苦、衰老和死亡，我们对这三件事毫无选择权。我们在意识到自我后，便认识到我们终将承受痛苦并离开人世，而且只能自己想办法应对这一切！为此，即便身处幸福之中，我们也常常纠结于不幸。这并不奇怪，正如玛丽·诺埃尔的这首小诗[8]：

> 逃吧！幸福只是痛苦的开始，
> 当它从那里经过，引来了痛苦。
> 四月刚刚开始，遥远的冬天就前进了一步，
> 生命为死亡开路，黎明带来黑夜。

这些灵魂上的战栗将伴随我们的一生：为幸福所诱惑，然后意识到它的脆弱；为不幸所吸引，随后发现它的虚幻。于是，人们开始寻求慰藉。因此，活着需要各种经常的、预防性的"微安慰"，其中之一就是生命中普通时刻的美和善。有时，我们需要自己稍加努力，让世界温柔的一面鼓舞我们，消解那些随时会侵扰我们的忧愁。

也正因如此，沉浸于自然能让人们普遍感到舒适和振奋，这不仅是一种对人生苦难的躲避，还是一种生命带来的归根溯源、

简单而纯粹的慰藉。关于这点，玛丽·诺埃尔的文采也许也安慰过她自己，今天也可以恰如其分地安慰我们：

> 我活着却不自知，
>
> 如同小草生长，
>
> 清晨，白天，夜晚，
>
> 在青苔上辗转。[9]

哀悼的不幸

"就许多事物，人们都有可能找到安全之道，但由于死亡，人类住在一座不设围墙的城池里……[10]"这些话语出自古希腊哲学家伊壁鸠鲁之口。他教授的并不是享乐的艺术，而是面对痛苦和死亡的艺术。当然，个体的死亡威胁着每个人，但这里谈论的是他人的死亡，以及有时能够安慰自身的方法。

活着即失去。保持长寿，也意味着我们通常会经历数场葬礼，看到亲友、熟人或名人纷纷离世。一生之中，诸多哀悼。这些痛苦、悲哀和绝望将我们的生命撕成两部分——在此之前和从此以后。这条裂痕也许可以被弥合，而且别人未必会看到，但对我们来说，它始终存在。

有些人去世的消息对我们来说几乎无关痛痒，比如同个楼层或街道的邻居去世了。死亡敲响了隔壁的门，但这一次它带走的不是我们。通过一些丧葬仪式，我们还可以获悉陌生人去世的消息。这些事情都很平常，但会令我们心有戚戚焉。

我们还会见证昔日的朋友或年轻时代的名人的去世。这类事件引起的悲哀会令人感觉到自己的苍老，但尚能克制。只不过，分散的记忆开始聚合成一段故事，我们渐渐地可以看到结局，这也愈发影响我们的规划。

我们还必须面对其他更让人痛苦的死亡，比如配偶、父母、祖父母或亲友的离世。每一次，我们的一部分人生都会坍塌、消失，一种脆弱的幻想被随之带走。这种幻想无关永恒，而是明知终将一死，仍旧希望让生命持续下去。

接下来是最为深重的悲痛：孩子的夭折。这是一股无法被设想的冲击。当哀悼的痛苦如此之深，当至亲至爱的人去世之时，虚无的诱惑如同一剂对悲痛的解药："这像世界末日，可惜还不是世界末日。不过，如果是世界末日就好了，那我就无须睁开眼睛，人也不必再站起，心脏不必再次跳动……[11]"这种情况似乎毫无被安慰的可能，哀悼中的人在绝望的打击下变得伤心欲绝，并常常出于忠诚之心而希望保持这种状态。他们不能从痛苦中恢复过来，不再痛苦对他们来说意味着一种背叛。

那该怎么办？对此，安慰应该是一项充满耐心的工程，将哀悼者从其悲伤中解放，让他们从痛苦中脱离。我们可以设想一种类似对病危患者的"临终关怀"式的安慰：只是陪伴在他们身边，通过各种消遣来减轻那些可以被减轻的痛苦，阻止最坏的情况发生，避免对方悲痛过度或寻短见，并希望出现转机。这种"临终关怀"式的安慰并非在逃避一项无法完成的任务，比如安慰孩子身患绝症或去世的父母。有时，对这些父母来说，注定会来临的死亡是一种更艰巨的考验，是一种痛苦、愤怒或不解的漫长而缓慢的爆发过程，以及一段同样漫长而缓慢的自我控制过程。

"特别是不要将其他孩子看作运气好的人，哪怕这个孩子骄蛮成性，甚至不是个好孩子。因为他们和其他孩子一样，对此没有任何责任。"对于这些极度脆弱的父母，我们只能提供陪伴和类似的安慰，绝不能把我们的看法强加给他们。安娜－杜芬妮·朱利安说，她有两个女儿，当时她正在其中一个的病床边。她知道她的孩子已时日无多。一位护士走近她，简单地说了一句话："我在边上。"四个简简单单的字，甚至可以省掉不说。随后，这位护士待在她身边，什么也没做，什么也没说[12]。

面对哀悼者，安慰的目的从来不是消除痛苦，而是令它变得可以承受，尽量使它不至于完全剥夺哀悼者对生的渴望。我们不对哀悼者说："别哭"，而是说："哭吧，哭出心底的所有眼泪，我在这里，陪着你。"

将痛苦转变为一份遗产

我的女儿谈起她的祖父（我的父亲）去世时告诉我，她永远无法被安慰，因为她不能理解当所爱的人离世时，安慰有何作用。她说："每次大家提起他，我都泪涟涟的。"我试着向她解释，安慰和不再感到难过无关，重要的是，每次回忆起逝者时，我们不会再被封闭在这份痛苦之中。我们要接受他的离去，不纠缠也不逃避，继续生活下去；要掀开悲哀的帐幕，走向幸福的记忆，回忆逝者赠予的、传下的或遗留给大家的一切，将痛苦变为一种遗产。每一次，当我女儿和我谈起她深爱的祖父去世所留下的悲伤时，我看到了相互交织的哀伤和欢乐。她的祖父给她留下了无数幸福回忆，那正是他给她的余生留下的一笔财富。安慰永远不能消除痛苦，但能在痛苦上增添快乐和温情。

富有经验的治疗师在感到时机成熟时，会鼓励哀悼中的人长时间地谈论离世的人。我的同行兼朋友克里斯托夫·福雷的处理方式就相当出人意料。他的问题很奇怪："您失去了谁？"[13] 对方吓了一跳："可是，您完全清楚，我已经告诉您了，是我的女儿（或丈夫、父亲等）！"福雷于是解释说："这点我知道，但是，当我问'谁'的时候，我是指这个人是谁？他或她的优点和缺点如何？你们之间的关系怎样？对的，请告诉我，您失去的究竟是怎么样的一个人？"语言表述的行为有助于情感和痛苦的进一步发泄，可以逐步使情绪安定。关于这点，后文会详述。

世上的暴力和疯狂

当孩子看到身体残缺的人时，他们会说："我很难过。"他们自然而然地对活着的人类甚至动物的痛苦感到难过。随着时间的流逝，他们学会了坚强，学会了看向别处或想其他事情，来避免总是对在街上遇到的不幸感到难过。然而，在他们的幼年时期，他们不会转移目光或闭口不谈，而只会表示惊讶和同情。这会使我们不自在，因为我们习惯了对此不闻不问或掩藏悲伤，因为他们提醒了我们现实是始终存在的。

生活通常很艰难，这一点不言而喻，无须多说。然而，即使我们在思想上忽视这一点，它对我们的影响也依然持续而强烈。因此，本书只有明确这一点，我们才会记住该如何应对。

而问题在于"如何应对"。当然，如有可能，我们应该采取行动。一些民间组织成员、人道主义者为此贡献了一生。然而，采取行动不能解决所有问题，苦难、暴力和不公平总是存在。

面对世上的种种暴力，我们在行动之外还需要安慰：安慰受到伤害的人，并在我们需要时得到安慰。

悲哀是遭遇不幸的种种感受之一。这种情绪令我们封闭自己，拒绝和外界联系和采取行动。不过，除了悲哀的人，恐惧的人也需要抚摩；愤愤不平的人也需要平息，心怀惭愧的人也需要鼓舞，嫉妒的人也需要开解……他们还需要一点安慰，因为在受到任何痛苦情绪的冲击后，总有一息尚存的伤感：世事难料……

安慰能给予我们再次行动的力量。多看看行得通和做得好的地方，有时能减轻痛苦。安慰虽然不能消除痛苦，但能减轻痛苦。人生就是这样：不幸时步履蹒跚，幸福时脚下生风。而且，人生不能计算平均值，并非此时不幸、彼时走运就可以算作一种"基本上能接受的"人生。这就好像我的双脚在烤箱里，而头在冷柜中，此时不仅我的平均体温不理想，而且我有两个问题亟待解决。生活就是这样，不幸和安慰不能相互抵消，而是相互碰撞，相继而来。

安慰有时也难以被察觉，人们状态不好时就需要这种安慰：所有我们无知无觉的，但令世界变得可以忍受甚至美好的安慰。电影《隐秘的生活》[14]讲述了一位奥地利普通农民抗击侵略者的一生。影片结尾有这样一句话："而你我遭遇之所以不致如此悲惨，一半也归功于那些不求闻达，忠诚度过自己一生，然后安息在无人凭吊的坟墓中的人们。[15]"

当我们的所见令我们感到难过时，不要忘记世上还有更多我们没有看见的美好的事情。这并非一种补偿、平衡或抵消。在世界某处的丑恶、苦难、不公平，永远不会被另一处的欢乐、美好、纯净所洗涤、补偿或消除。但是，后者帮助我们不陷入绝对的不幸所带来的苦涩和绝望，并告诉我们应该往何处努力，以及美好的生活的样貌。

总有更糟的情况……

无论我们遭遇了何种不幸，总有更糟的情况。可是，我们该如何行动呢？难道我们没有理由感到难过，就没有理由来进行安慰和采取行动？应该承认人的大脑并非如此运作。我们在处理问题的先后顺序时，决定的依据不是其绝对严重程度，而是其相对严重程度。如果在我所在的社会里，大部分人都能用上集中供暖和热水，那么当我知道有人因为设备故障，或者因为穷困而不能享受它们时，我会感到难过。不过，如果我跟过去的人或今天世界上的很多人相比较，享用暖气和热水算是一种奢侈。因为人是可以没有这些硬件条件的，那么也就不应该随意抱怨。

绝对的不幸自然是有的：死亡、暴力、苦难。然而，这世上也存在相对的不幸，即所有一般的逆境或寻常的烦恼。这些相对的不幸也会影响我们，其程度远超我们的设想。我们不该因此就得不到安慰，而是在相对的程度上得到鼓励。比较恰当的做法是，一方不加夸张地表达个人的悲伤并要求帮助，另一方适当地安慰，不添油加醋。

一般的逆境

有些逆境很不起眼、不会造成伤害或明显的后果，不会直接或立即影响自己、亲人或他人的健康，那是些大家都经历过的倒霉事。虽然我们表面上不受它们影响，但内心还是会有些波动……

不太严重，但仍旧带来伤害的逆境

一些逆境只是相对严重，有的属于物质范畴，如房屋失火、被盗等；有的属于人际关系范畴，如施暴、羞辱、袭击、家庭纠纷、分手、年老的父母进入了失能老人休养院（EHPAD）①或养老院等；此外，还有职业上的挫折，如事业失利、失业等。

这些逆境可以被视为一种不幸，即使它们如俗话所说"没什么大不了的"，但是在此情况下，人们不再有幸福的感觉，它们

① 法国针对高龄老人开设的具备医疗设施的养老院。——译者注

让幸福变得遥远而虚幻。我的一位女同事正处于纠纷不断而痛苦的离婚过程中，她告诉我："我从来不清楚自己是否幸福或还过得去，但不幸福这点我立刻就能体会到。"伤痛的反面并非欢快那么简单，因为后者仅仅在为生活锦上添花，而前者会给生活致命一击。

这些一般的逆境之所以棘手，还因为其中使人痛苦的东西是看不见或难以捉摸的。在日常生活中，令人不愉快的小事总是因人而异，他人根本看不出来，而这些小事却在提醒我们，生活中失去了一份寄托。伤感如同一座冰山，水下隐藏的部分比别人看得到的要多，而且难以启齿。我们怎么好意思因为失去了含笑而终的宠物痛哭流涕，却对许多含恨而终的人类麻木不仁？

表面看来完全不严重的逆境

此外，还有表面看来无关痛痒的不如意事，如大学生考试失利、感情受挫等。这些看似平常的失意，谁知道它们会留下怎样的伤痕或者揭开怎样的伤口？面对这些现实中的挫折，当我们注意到似乎不相称的痛苦反应时，不要妄下结论，比如"这可能是因为往日留下的其他伤痕被今天的挫折唤醒了"。通过鼓励来避免受伤害，也很重要。因为未经安慰的失败留下的痛苦，会酝酿出一种对行动的畏惧、对再次失败的畏惧；看来平常的感情受挫，也可能使人今后难以体会爱的安全感。

因此，安慰的作用并非修复曾经的破碎，而是帮助人们应对日后的考验和未来的不确定因素。做好安慰工作，不是判断这份痛苦是否具有正当性，而是尽力安抚叹息、哭泣或求助的那个人，即便他的悲伤看起来很渺小。毕竟谁也不清楚哭泣的那个人的所有过往……

琐碎烦恼的泥沼

当蒙田谈起"琐碎烦恼的泥沼"[16]时，他指的是不停应付接踵而来的烦恼和问题的感觉。这是抑郁症人士常见的一种感受。他们因为"快感缺失症"（无法感受快乐），而缺乏幸福带来的生命活力和动力。

不过，在人生的某些阶段，责任和逆境相拥而至。蒙田精彩地描述了如同皮肤突然过敏一般出现的各种小烦恼引发的敏感反应："最微不足道的变故是最扰人的，就像蝇头小字最伤眼睛、让人疲惫，这些小问题也最扰人心神。一堆挥之不去的小烦恼会比大一些的单独的困境造成更严重的侵扰。这些日常之刺越是浓密尖锐，越是伤人，而且，因为它们没有威胁性，更令人防不胜防。"而后他更是写了句精彩的评论："生活如此温柔，却如此容易令人迷失。"

夏日黄昏的感伤

在一个夏日黄昏，我从巴斯克地区乘火车去图卢兹。黄昏的光线柔和而唯美，倾泻在深碧浅绿各自不一的林野上。比利牛斯山脉远远浮现，粉色淡染的铅灰色高峰雄伟连绵。我意识到某天死亡会夺走我的这些时光。不过，奇怪的是，我全无忧愁，只有一丝淡淡的感伤。

我可以驱散这份感伤（这并不容易，但还是可以做到的），可以微微一笑，或者给我爱的人打个电话（无须告诉对方我需要安慰，只要听到对方的声音，就足以令我释怀）；或者转移注意力，想想曾经或将来的愉快时光。不，我决定让这份微弱的、既不危险也无大碍的感伤笼罩着我。它美化了这一刻，令它更庄严、更深刻、更浓厚，它令这一刻更美好、更强烈。此时此刻，我不需要什么安慰，只是有点疲惫不适和人生中常有的各种困惑——而这是任何延续的生命都会经历的。

在这一刻，我真实而深刻地感受到了生命的脆弱，而非只在理智上承认这一点。这是一种宁静而强烈的感觉、一种纯粹的感受，像一种比想法更强烈的信念，同时，我的心境却是祥和的。产生这种心情可能是因为火车的运行节奏，或是因为窗外掠过的像一首生命摇篮曲般安抚我的天空和风景，或是因为暮色和它散发的那份永恒的感觉？

此时此刻，我触到了安慰的精髓：什么都没有解决，但充分地活在当下安抚并满足了我。

人生的代价

持续出现的这些小烦恼，是所谓的"生活考验"，它们既非不可接受，也非有悖常规。我们必须有心理准备，经常对此加以权衡。

最简单、有效的生存智慧之一，就是视逆境为人生的一种代价，即使现实艰难而困苦，我们也要学会接受它。这种智慧可以建立在一些表达平常心的口头禅上："不如意事常八九""不要抱怨，采取行动、保持微笑，阳光总在风雨后"。这些言语只是些安慰话？我觉得在某种程度上是的。它们鼓励人不要从痛苦转向抱怨，并对人轻声说道："你并非唯一经历这个逆境的人。这并不要紧，你会走出逆境，并忘却这一切。你自己很清楚这点，不是吗？"

在认知疗法的某些阶段，治疗师会要求情绪紧张的来访者做个简单的练习：将自己的痛苦、烦恼和忧虑的原因分级，并为每个原因的不幸程度给出 0~100 分的评分。在这个比例尺上，100分等于绝对的不幸，例如孩子的死亡；1~10 分则是轻微的烦恼，例如摔坏了常用的物品。有意识地进行这种奇怪的算术，常常会使人重新衡量自己的痛苦强度，把它调低一些。

　　另一个相同性质的方法是，想象某种目前看来非同小可的烦恼，在一个月后、一年后甚至在我们临终之际的影响。那时，我们还会认为它很严重吗？这种"临终设想"练习首先会平息我们的情绪，然后会引发我们思考，有时，最终会给予我们安慰……

无缘无故的悲伤

　　无法解释的忧郁、消沉和悲伤的状态，比其表面上看来更难以安慰。我们对此经常抱持两种态度：一种是忙碌起来，希望生活带给我们意想不到的安慰，等待这种状态过去；另一种是对自己说无缘无故的悲伤是不存在的。我们需要自问，这份无法安慰的无缘无故的悲伤，难道不是一种对本身乏善可陈的生活的悲伤吗？

　　我觉得这种总是困扰着某些郁郁寡欢的人的伤感和忧郁是存在的。它对人的负面影响有时会大过哀悼，因为后者作为一种巨大的痛苦，至少会对安慰和重生敞开大门，然而，不为人知的萎靡不振会让人看不见任何希望，逐步内耗下去。

　　此外，还有一种可能令我们快乐的幸福却又令我们难受的情绪，就是所谓的"幸福事件带来的伤感"：学业结束、更换工作、因搬家离开深爱的人和地方、看到子女长大离家、发现父母虽然在世却日益衰老等。即使处在人生的幸福阶段，忧伤仍难以避免。

同时，容易担忧和焦虑的人的幸福感也和常人不太一样。他们需要安慰，因为他们总是察觉到幸福的脆弱并发现它会消失。他们刚在餐桌边坐下，就已开始设想曲终人散。我们很难说他们错了：他们活得很真实，因为幸福确实会消逝。因此，安慰是唯一的解决之道，它能给予我们全身心体会现在和享受当下的能力。

有一天，我和一位焦虑症即将被治愈的来访者聊天。她向我坦承，刚开始，她的脑子先是被治疗过程中学会的"享受现在"的概念所抚慰（"不加思考地品味这份幸福，即便你知道它会消失"），但随后，其他想法便汹涌而来（"即使幸福总会再来，即使它消失后总会再现，而你，有一天会永远消失"）。我们的焦虑有时似乎无法平息，而我们对安慰的需求是无法被满足的[17]。我们必须重视这一点。我们注定要呼吸，因为我们总是需要氧气；我们也注定始终需要安慰，因为人生中充满挫折。我们之所以觉得不幸，是因为人生无常；我们之所以需要安慰，是因为生命也是美丽的，它的尽头充满神秘。我记得，同一位来访者还曾告诉我，她每次外出旅行，无论度假还是周末，总感到有点焦虑。但她也承认，每次她在对离开所在地忧心忡忡的同时，也会对目的地期待不已。她调皮地补充说："我希望人生的最后一程也是如此！无论如何，每当我又开始害怕死亡时，我就这么反复告诉自己，我对失去生命感到悲伤，但是，如果用上我的'旅行心理学'，我同时对走向往生感到喜悦！"

不幸的持续性

我们能在两个极端间建立一种持续性吗，比如在一般的不幸和巨大的不幸之间，或者在不尽如人意的感觉和哀痛欲绝的心情之间？这个问题看似突兀，但我认为，在"不幸"这个宽阔的领域里，存在一种令人惊奇的、相对的持续性。

如果某人性格脆弱，那么一点不如意都会让他在短时间内感到非常难过。我的一个多愁善感的朋友，打碎了她过世的父亲给她留下的一把美丽的茶壶。她和我交心说，当她发现茶壶无法修复时，她产生了一种持久而强烈的沮丧。这并不要紧，痛苦的心情不会持续太久，但在当时那一刻，她的不幸是强烈的。

在这些不成比例的痛苦中，我们可以发现悲伤的两个成分：孤独的感受（对这个社会关系上的尴尬时刻，现在通称"特别孤立无援的一刻"）和无法修复的感觉。

有时候，无足轻重的烦恼会掺入巨大的不幸之中，例如一个人得了咽炎或有蛀牙、遇上汽车故障或行政上的麻烦事，同时他又身患癌症或失去了亲人。遗憾的是，巨大的不幸无法避免各种小麻烦。

人生也许会促使我们防备不幸的发生，至少会将其列入考虑范围。这带来的第一个好处是，促使我们享受每个顺利的时刻，让我们看到自己的运气；第二个好处则是，帮助我们在逆境来临时减少哀叹不公平而浪费的时间，让我们简单地说一句"真倒霉，运气不好"，然后尽量从容面对。这也许是种一厢情愿的想法，不过，保持否认的态度，不去考虑逆境，只希望它永远不会出现，也是一厢情愿。每个人都应该根据自己所在的人生阶段和个人能力状况来进行选择。

这里我想到了一位女性来访者，她自己做了一件我在治疗生涯中从未见过的奇怪事。作为重度焦虑症患者，她刚从精神低谷中恢复过来。有一天，她拟定了一张可能会遇上的全部灾难的清单：孩子、配偶或亲人死去，患病（她拟了另一张单子，上面列满了她的家人得过的或她惧怕自己患上的疾病），失去工作等。那是满满的一页纸，而且她还说："我没有全写上呢！"我绝对不敢要求她去想象这些严重的事情，更何况她做这件事时没有我的陪伴，独自在家列清单。

不过，这张清单给她带来了慰藉。她对我说："您知道吗？我把所有这些事写在纸上后，感到轻松了不少。我对自己说，并非因为写下来了，这些事就会发生在我身上。而且，我不可能遭受所有这些倒霉事吧！这类事谁都可能碰上，不会只有我一个。
而且，我的运气暂时来说还不错——只有焦虑症需要治疗，其他
只是一些常见的烦恼而已。"

不幸的机制

各种不幸状态之间有种相对的持续性，彼此关系或近或远，运行机制也有相似之处。

不幸无论大小，都会突然打断平静的生活。原本，生命中的每一天都包含着对未来的承诺，失去机会并不要紧，因为还有明天和其他可以掌握的机会，但是，一旦灾祸闯入按部就班的生活，打破日常的舒适，将人丢在无遮无挡的未知中，这个时刻和接下来的一切就都可能会令人恐慌。总处在风和日丽的状态的确会让人封闭，可是当暴雨来袭之时，风和日丽就会令人安心。当安全感和可预见性被逆境剥夺后，常规就格外令人怀念。

在失去至亲或重大考验的不幸中，我们仿佛被抛到了另一个空间，不再和其他人一样。其他人还在原来的世界里，生活一切如常，幸福随时可得，而我们却被驱逐到另一个宇宙，它冰冷且幻想尽失。我们好似处于生死两界之间的混沌地带，在一个毫无意义可言的"交界"，感觉所有的不幸都在此刻涌入我们的生活。

在哀悼的情况下，当痛苦不再处于首位而似乎略有平息时，我们有时会出现一种空虚感，那是一种和日常生活中需要的一切小小的调整和努力都衔接不上的感觉。例如，有一位哀悼中的女性来访者对我吐露心声："我并不总是难受，可是也从来没有舒坦过。"菲茨杰拉德再一次完美地描述了此刻的心理崩溃："必须在'努力且徒劳'和'必须奋斗'这两种感觉之间保持平衡。""自我就会如同一支箭，无休止地从虚无射向虚无。""甚至，即使是对那些至亲至爱者的爱，也变成了一种仅仅为爱而做出的尝试。"这就像阵发性的抑郁，是一种接近精神崩溃的体验，是一种危险而令人筋疲力尽的体验。如果不加以注意，这些体验就会持续并演变成病症。

此外，不幸的机制还伴随着一系列丧失。

- 丧失对未来的平和展望（比如"未来会有的，而且还过得去"的想法）和尝试尚未体验的各种可能性的愿望。
- 丧失幸福的能力，让昔日的痛苦重现，这是因为幸福感能起到类似高气压的作用，拂去昔日悲伤的阴云。
- 丧失轻松和无忧无虑的精神状态。
- 丧失对生活和世界的信心。
- 丧失幻想。

最后一项丧失可能是不幸中最突出的方面，因为它向我们表明，幸福是建立在诸多幻想之上的，别无其他可能，所以我们必须花费时间努力地重建幻想的能力，树立新的人生哲学：承认幻想仅是幻想，并且依然欣赏它们；要试图像孩子那样，明知圣诞老人和小老鼠①不存在，但还是继续明智地假装相信它们存在，因为这样可以让生活更美好。

最后，在不幸中还有一条根本的真理：我们是孤独的，谁也不能为我们而活，谁也不能替我们受苦或死去。

充满怀疑的第一个早晨

我经常听到那些哀悼中的、遭受事故的或那些被确诊重病的人描述事发后的第一个、非常特殊的早晨。

他们在醒来后的短短一瞬间会有几分恍惚：我还在之前的那个世界吗？在我丈夫过世前？在车祸之前？在我得了癌症前？不过，幻想很快就消失了："不对，我在这之后的世界，我曾经以为稳定的、永久的、为我所拥有并值得拥有的世界，裂掉了，破碎了，永远地失去了……我在一个新的世界，一个碎掉的东西无法修复的世界，一个我只有安慰的世界。此时此刻，谁能安慰我呢？"

---

① 法国传统，孩子换牙时，成年人经常告诉孩子，是小老鼠用一枚硬币换走了他们掉下的牙齿。——译者注

不幸蕴藏的危险和无法安慰的风险

在厄运造成的各种后果中，人们最先想到的是抑郁。这种病态的、持续的、内在化的悲伤，令人渐渐对任何安慰都感到麻木。因此，有种抑郁症名叫"应激性抑郁症"，它通常会在人们经历痛苦后发作。精神学家总是试图划分面对逆境时人们做出的温和并可以被理解的抑郁反应（人们可以对此进行观察并给予陪伴）和必须积极治疗的病态反应。而二者的界限也许就是人们能否接受鼓励，因为，当任何形式的安慰都无济于事时，这本身就是一种病情严重的信号。

不幸蕴藏的最常见的风险可能是苦涩的情绪。它可能来自一种不公平的感觉，类似于"我没有做错任何事，甚至竭尽全力了，但不幸还是降临到我身上"。这种情绪在追求"主动健康"的来访者身上很常见。他们很注重各种保持健康的生活细节，然而，即便他们百般小心，疾病还是可能找上他们。例如，不吸烟的妇女得了肺癌，只吃有机食品的男子却患上了白血病。

他们怎能不想"为何是我呢"？他们在面对那些或是运气好，或是天生基因强健的无知无觉的幸运者时，怎能不感到苦涩呢？

对许多身处不幸之中的人来说，和这种（对那些不知痛苦为何物的人群产生的苦涩和长期怨恨的）负面情绪抗争，是很有必要的。失去孩子的父母遇见了其他孩子依旧健在的父母，就可能产生这种情况。在不知情和并非有意的情况下，这些健康快乐的人冒犯并伤害了痛苦之人。

我记得，一位老太太与和她年龄相仿的近邻相处融洽。她需要对方时常给予一些小小的的帮助，但是，她嫉妒他们身体硬朗、夫唱妇随，有时还觉得生气，因为她自己守寡并身患癌症。

苦涩的情绪带来的另一个常见风险是对自己产生怨恨，即对自己总在受苦却没有出路感到愤怒。于是，当事人开始自怨自艾，仿佛得了一种对痛苦感到麻木的病，一切可以调动的精力都被他们用来自我毁灭，而非寻求安慰。毕达哥拉斯有句格言："Cor ne edito[18]"，意为"勿食心"，我们现在则会说："不要自寻烦恼。"如果我们面对痛苦无能为力，应该在进行自我审判之前先平静下来，寻求安慰而不是自我追究，这样也许能避免过于痛苦。

还有一些人想在不幸中沉沦。为何我们有时会被负面情绪（如抱怨、怨恨、悲哀等）所吸引？也许，它起初如同上瘾之物，令人感觉不错；也许，我们无意间认为抱怨可以带来某种安慰和

鼓舞；甚至可以简单地说，我们屈服于悲哀及其提供的缓解效
果，因为悲哀中有种放任自流、放弃为生命抗争的倾向。刚开始
这的确会让人舒服一点，因为悲哀会令我们拒绝安慰，我们的痛
苦和自己命运惨淡的想法会带来某种荒谬的舒适感，让我们想沉
沦其中，而安慰阻挠了这种自我封闭的行为。确实，我们的命运
不该如此随波逐流。

安慰的需要

　　上文列举的这一系列逆境，在人感觉脆弱时，就会令人沮丧；在人充满斗志时，就显得无病呻吟了。我不想在此打击读者或夸大其词，只不过，我们需要正视整个人生的迂回盘旋，看到不幸和安慰在人生中交替出现。

　　谁都不该独自伤心。某天我读到这样一句看似无意、实则触目惊心的话："有些人，如果他们不出现，谁都不会想起他们。[19]"它令我想起了那些独自一人在公园长椅上或地铁里哭泣的人，无人安慰他们，或许是无人敢去安慰他们。我认为没有比这更哀伤和孤独的景象了。

　　当我看了太多世事，或者对人类的某些行为深感失望时，能鼓舞和慰藉我的，是去想象所有那些参与安慰的道德崇高的人。他们给予安慰，接受安慰，并在社会里传播安慰。这些善良的人，这些参与安慰的无名英雄，他们给予或接受这些持续不断的鼓舞行为，不引人注目地、谦卑而平和地帮助人们坚持下去。如果没有这份安慰、这份面对悲哀的善意表达、这些同情的举止和行为，世界将会阴暗而残酷、令人窒息。在让所有人悲伤的一切事物之前，安慰胜于哀叹。

因为安慰是一剂给现在（它缓解了痛苦的）和未来（它让人看到与持续悲伤不同的）的良方。它可能也是对过去的药方：今日获得的安慰，比如一段爱情，消弭了昔日未曾抚慰的伤痛。一段动人的爱情能在短短的时间里抚慰过往数年坎坷而痛苦的情感经历。我们会看到，安慰正是爱的面孔之一。

他对我们宣布：一切都已结束

他让我们坐下来，请我们将手搁在桌子上。他握住我们的双手，将它们握在自己的手里。随后，他抬起眼睛，目光被泪水模糊，告诉我们一切都已结束。[20]

—— 罗拉·阿德勒

（她在讲述她和她丈夫接到医生通知，得知儿子垂死的那个悲惨时刻。）

第 三 章

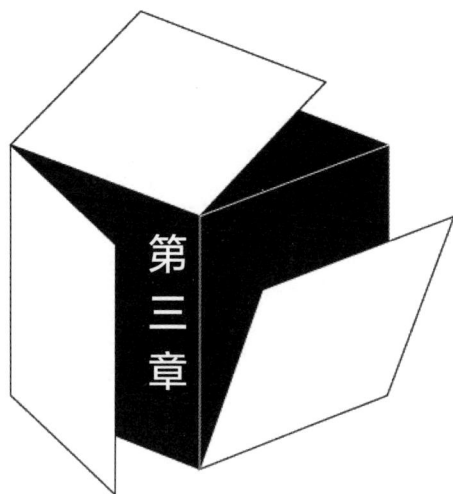

安慰之路：重建联系

〰〰〰

那些身处不幸而本能地知道向谁求助的人，是幸福的。长期以来，我都做不到这一点，每次身处悲伤之中时，我都很难过，而且不知何去何从。如今，我相信学会识别能安慰我们的事物是种极其珍贵的生存智慧。

蒙田就其漫长的欧洲之旅评论说："我很清楚自己在逃避什么，却不知道自己在寻求什么……"[21]正是如此，我们在生命中都希望远离悲伤，但并不总是清楚安慰何在。答案其实很简单：安慰存在于联系之中。

不幸令我们与世界相悖，因为逆境给了世界一副不公正而凶暴的面孔；不幸令我们与他人相悖，因为他们显得笨拙、疏远、无动于衷、无能为力，有时甚至对我们的痛苦负有部分责任；不幸令我们与自己相悖，因为我们常常为不能也不知道如何避免不幸的发生而自责。

安慰，是一种和解，是与世界、他人、自己重建一种纽带，让痛苦和各种负面情绪不再支配我们的生活。"安慰的目的不是带走被安慰者的悲伤，而是通过动作、话语和关心，打开被安慰者的心扉，将其分离和丧失的感觉，换成一种彼此同为一体的感觉。" [22]

悲伤将我们与世界、他人和自己分割开来，而安慰则耐心而温柔地重建这些联系。

与世界重建联系

"清醒的意识比幻想更有价值。不过，无论情况如何，以及处于何种阶段，对相信的渴望都会出现，如同睡意或饥渴，或者对爱的眷恋，或者对幸福的渴望。"帕斯卡·基尼亚尔[23]旨在告诉我们，每个人的内心深处都有一份对生活的热爱，迟早会被召唤出来。

安慰正是要去唤醒这份属于所有人的动力、这份获得幸福的渴望。这是一种重新相信生活、相信它的可能性和美好的欲望，即使目前人们对此毫无把握。

能够安慰我们的，有时是他人刻意对我们说的话或表示的关心，有时还有我们个人的努力。不过，最常出现的情况是，我们从并非针对我们却触动了我们的事物中得到了安慰。

我们可以从蓝天、晨曦、热情的眼神或举动中得到安慰，我们还能从歌曲或诗篇的美感和悲伤、对人生和爱情的信念中得到慰藉。艺术作品让我们想起人类都会遭遇磨难，只有在悲伤中，我们才会如此相似。

如果生活有逻辑性，这份令我们彼此相似的悲伤应能使我们主动靠近彼此。然而情况并不总是如此。彼此靠近经常需要个人的努力，后文会讨论这一点。现在还是先来谈谈这份似乎从天而降的安慰。

如果我们留意，就会发现生活的每时每刻都为我们保留了它的良方：生活仅因为是生活而治愈了我们。当我们在森林中散步，我们经常对身边的珍稀植物视而不见。同理，在流淌的时间长河中，我们也总和各种安慰的源泉擦肩而过。

宇宙对我们的痛苦、经历和存在无动于衷，但它却能通过它的存在抚慰我们，这种由毫不关心人类的世界给予的安慰似乎是矛盾的。我们因此可以想象，它的无动于衷只是表面，这仅是对我们痛苦的短暂性的一种温和而沉静的提醒。以下是德国女政治家和革命者罗莎·卢森堡在狱中写的一封信。她提到了对自由之身时的种种回忆。[24]1919 年，她遭到了囚禁者的杀害。

> 在一个温暖的春日里，我在柏林南十字车站附近的街道上漫步……毫无目的，对着小嘴乌鸦打着哈欠（原文如此），嗅着生活的气息……我听到房屋里传来为迎接复活节而拍打床垫的声音①，

---

① 有些人会在复活节对房间进行大扫除。——编者注

某个地方一只母鸡聒噪不停，一群小学生在回家的路上打闹……一辆有轨电车喘着气，向空中发出细细的哨音来打招呼……于是，我的心对一切都感到喜悦，即便是那些最小的细节……这个低沉的噪音和这段傻乎乎的对话多么令人惬意啊！而我对这位先生五点动身感到高兴。我几乎想对他喊一声：请代我问候那个我不认识的人或者您想到的任何一个人……因为我乐得满脸发光，这副样子可能有点奇特，不过有什么关系呢？还有什么比在春日融融的街上这样闲庭信步更大的幸福吗？

单是观赏正在流淌的生活就能安慰我们，但这不能是被强迫的，必须是我们主动的、自发的行为，否则这些极其自然的事就变成了一种冒犯："难道我个人的痛苦能从这些毫无意义的琐碎的东西中得到安慰？"

悲伤之狱的钥匙就在这里，触手可及，但我们必须亲自伸手去拿。安慰是一项解脱的工作，让人们从痛苦中解脱出来。我们无须奢求生命，它总会对我们伸出援手，但是我们必须先从自己的精神牢笼里走出去。

生活对我们的悲伤毫不在乎，仅这一点就对我们大有好处。让它继续毫不在乎下去吧！在这条生活之路上，鸟儿鸣唱、阳光照耀、蓝天中的云彩在一种神秘的静谧中穿梭。生活对我们的痛苦毫不在乎，但在某个时刻，它却能更好地安慰我们。因为生活的进程不为人所动，但充满善意，它也许比笨拙而毫无新意的话语、刻意而徒劳地想修复伤痕的话语更有效。安慰不是一种修复，而是一种继续生活下去的理由，因为几乎任何东西都不能修复如初。

生活能够治愈

身陷不幸时，我们往往难以从令人愉快或安定的各种日常细节（如美、温柔、花朵、悦耳的音乐或友好的话语）中得到安慰。在封闭心灵以抵抗痛苦的同时，我们的人生也失去了幸福。可是，幸福能分散注意力、减轻痛苦甚至救助我们，并让我们看到一条真理：生活总是喜忧参半的。

我们应该用还拥有的一切来安慰失去的一切，并问问自己：在所有我们缺少的东西里，是否有一部分已在我们眼前、唾手可得？"生活能够治愈"的想法教导我们（或者能教导我们）接受和保持谦卑。尽管我们心中难过，但依旧努力以受伤者的身份与世界沟通；依旧愿意放弃令我们与众不同并令我们孤立的痛苦，重新变得平凡、无足轻重和默默无闻，变得不那么引人注意。

在痛苦中，至少是在某些痛苦的方式中，存在某种不合适的骄傲。悲伤会在不自觉中令世界围着我们和我们的痛点转动：

"悲伤……对不是它的一切关上心扉。"[25] 接受生活带来的安慰是件复杂的事情：不仅是放弃一种具体的修复行为（再次强调，安慰不能还原已经损坏的或过去的事物），还是一种对部分自我的放弃，接受忘却、不再引人注目、退出别人关注的视野。

个人叙述：逝去时光的安慰

春季某个周日的清晨，时间很早，一位母亲从面包店为全家带回羊角面包。孩子们都已长大，是大学生了，离家已有些时日。这个周日，他们在一次家庭聚会前夕回来，并跟往常一样在家过夜。尽管有这些快乐时刻，妈妈还是感到一阵哀伤：时光如箭！她仿佛重见 20 年前的同一地点，孩子们牵着手陪她走在街上，并要求拿装面包的袋子。她瞥见他们开始偷偷摸摸、鬼鬼祟祟地偷吃羊角面包的尖角，而她装作没有发现。到家以后，她总是装模作样地说："哎呀，谁吃了羊角面包的尖角？我要把它们还回面包店！"

这天早晨，母亲走的是和往常相同的路程，但一切都颇为不同。所有人都身体健康，生活愉快，可是时光就这么消逝了。一股莫名的伤感涌出来，恬淡却顽固，如同天上落下的一阵细雨，刚开始她没有感觉，但终究被淋湿了……如何是好？让伤感自然过去吗？要自我安慰一下吗？无须大惊小怪，不要忘记，一切都好！

那么，如何找到与这份淡淡的伤感相称的慰藉呢？很简单：微笑并接受现实。消逝的过去，我们经历过了，而且它那么美好。于是，这位妈妈停留了一会，眺望朝阳、房屋和街道尽头的钟楼。她对一切尚存并如此宁静美好感到喜悦，她对相对顺利地走到今天感到欢喜，毕竟她只是经历了些许一般困境和几桩不快之事而已。她品味着回忆和昔日的美好，也品味着如今的甜蜜。将来还会有美好时光，即使美好时光不再出现，这一切也是值得的，不是吗？

安慰杂集

（不足挂齿却令人温暖的事物清单）

看到一只狗在海滩上撒欢，它兴奋地回到主人身边，围着他转，非常快乐，然后又跑开了，似乎永远不会对一切开心的事物感觉厌倦。

狗狗的这种简单而令人艳羡的幸福感，对人类来说，是无法持续的。不过，类似的幸福有时也会令我们想疯跑一圈，对一切都信心满满，觉得慰藉无处不在。

回忆每次我们以为大势已去，而最终一切顺利的经历。体育迷就时常见证这种盛况，当心爱的球队获胜或逆风翻盘时，他们沉浸于一种孩子般的天真快乐中。这有点可笑，但令人欣慰。

人们活在当下的悲伤或缺陷中，但心情却因无关紧要的事而放松了。

惊喜地发现阴云间突现的蓝天。

收到一位朋友的来信，他告诉我们他很幸福。

为他人做件好事。

和大家和平相处。

和世界和平相处。

感到被爱、被欣赏、被尊重。

试着从罗莎·卢森堡身上获得灵感。

她在监狱中给亲人写了数封充满快乐和生机的信。当他们为了小事而抱怨时，她责备说："让我们说说您的信。信中疲惫不堪的口气让我很不愉快。这些关于即将出生的孩子的哀叹都是些什么？他们还没有来到这个世上呢！哎，格特鲁德，这于事无补……必须工作，做力所能及的事，其他事就轻松愉快地应对。如果我们内心充满苦涩，生活只会更糟。"[26]

当我第一次读到这几行字时，我被触动了，不过我对自己说："哎呀，你可没有这份气量。这个小不点一样的妇人却有如此不可思议的精神力量！"随后又读了几页，我被感动了，内心感到温暖。[27]

"昨日，即将睡着前，在我辛苦建立的完美平衡状态下，一种比夜晚阴沉得多的绝望抓住了我。"

这不是一件礼物，而是许多的努力。

结束一项工作或专心于一项工作能暂停悲伤，并将我们重新纳入生活的运行轨道。

沉浸于一种怀旧情绪中，但不要将过去同现在做对比，不做任何评价，只让自己在这一瞬间感觉舒服。

回忆那些美好的事。

不要对微笑寄予任何期望，只是微笑；长时间悄悄地微笑，不需要过分显露出来。让我们练习放松、不勉强、不张扬地微笑，然后观察它的效果。

微笑吧，即使感到悲伤。

在写下这几行字时，我想起了我敬爱的岳父的葬礼。我和侄子及堂兄弟们一起抬着他的棺木，在棺木的重压下蹒跚前行。我记得，为了避免在人前落泪，我竭力去想棺木的沉

回忆每次在悲伤中体会到幸福的时刻。

做个"是""否"练习，有时，它极其简单、有效。

重，并感到自己体力不支。因为我尽可能地陪着他走完了这最后一程，我还感到了一种超出这一切的绝望中的幸福。

"是的，我有烦恼，也很悲伤。不是的，我还没有死去，一切都尚未失败。"

当我感到难过时，动手做点事，别让自己闲着。

微笑、呼吸、眺望天空，并尽可能延长时间。

拍岸浪的动作很有规律，仿佛海浪自己想平息下来，不至于击碎一切、毁灭一切、折磨一切。

要是想停下再去想伤心事，那就去吧，不过你最好再坚持一下，看看自己能坚持多久。

注视海浪拍岸的动作，看它在长堤上破碎，然后退去。

悲伤时，接受一切简单乏味的、缺乏雄心却充满温情的话语，例如"我在这里""我牵挂着你""你可以信任我"等。

在被忧虑过早唤醒的早晨，透过窗户看太阳升起，听鸟儿鸣唱，感受城市恢复了喧嚣。

这样即使看不到解决方案，也会让自己感到一点安慰，只因为体会这一刻，令人愉悦。

在合适的时候，换你向身陷痛苦的人说出安慰的话。

你要克服保守的态度，丢开腼腆或内向的习惯，不要担心说出安慰的话时会流泪。

和他人重建联系

　　被安慰者总是被隔绝在个人的悲伤中，安慰将他和人类社会重新联系起来。安慰，是一种重聚，将被安慰者带回他的朋友身边。

　　痛苦隔绝人，而联系安慰人。所有的联系都是如此，无论爱情、亲情还是友情的联系。即使只是一个微笑、一句闲聊、一个欢迎的眼神都能安慰人，也能轻微或短暂地减轻一切痛苦带来的孤独感。

　　感受到被爱、被重视和被支持总能安慰我们。即便我们暂时不能完全接受这份爱和支持（这并非一种力量），不能以适当的方式主动作出回应，我们的心灵也还是得到了滋养。正因为此，安慰者不应指望对方道谢或回应，而仅应表达他们自己的关心并准备好提供帮助。

生来为了安慰

安慰是人类与生俱来的能力之一。它是一系列大脑功能发展的最终结果，这些大脑功能中包括了同理心（一种感受他人痛苦的生理机能）和同情心（结合了同理心和帮助减少痛苦的欲望）。在某种程度上，安慰将同情心转化成行动。我们的文化和教育只是丰富了这些天生的能力，将其转变成一种生存的价值。我们在人生和安慰方面积累的经验，无论收到还是付出的，都在培育和壮大这些价值。

人类是个善于安慰的物种。安慰是种本质性的需要，与人类境遇及我们对死亡、对他人的苦难的意识紧密联系。我们身上还天生具备安慰同类的能力。面对哭泣的人，我们心中常常自然而然地生出想把手放在他的肩上、拥抱他或者说些安抚之言的欲望。只要越过腼腆、自抑和担心无法胜任等心理障碍，我们就能做到这点。

从进化心理学的角度来看，对任何动物种类来说，安慰同类的能力都是一种适应环境的优势条件。得到集体支持和安慰的个体不会持久地沉浸于病态的悲伤中，他们不会郁闷而死，而会重新接触外界，继续生活。更通俗地说，他们重新变得对集体"有用"，不再将负面情绪传递给其他个体，不再令人士气不振。

对他人的痛苦过度漠视，不仅会在精神层面上造成痛苦，而且会在社会层面上渐渐瓦解被这份漠视笼罩的集体。和幸福一样，安慰并非奢侈品，而是必需品。如果没有在生活中经常出现幸福时刻，我们将失去应对考验和困难的精力；如果没有安慰，我们在困境面前会感到越来越孤独、忧虑、脆弱和束手无策。

灵长类的和解和安慰

在各类动物中，安慰的本领并非人类独有，其他灵长类动物同样具备。生态学家就在黑猩猩的身上进行了有关研究。同一个猩猩群内部发生冲突后，我们可以观察到曾经互相斗殴或发生口角的猩猩间的和解行为（例如亲吻），其他黑猩猩也会对当事人做出安慰行为（例如亲吻或拥抱）。落于下风的一方更是经常得到安慰，而胜利一方有时也有份儿，这似乎是为了安抚它的紧张情绪，让它放松下来[28]。在社交能力略低的猴子品种（例如猕猴）中，目睹同伴之间发生冲突的猴子会躲得远远的（可能是为了避免自己被抓咬）[29]。如果一个群体通过丰富而频繁的互动，达到较高的社会化程度，大家对个人的自我控制能力和集体的力量就会有信心，而且这份信心是普遍共享的，因此，和解和安慰在社会活动中所占的位置就会变得更加重要。

在关于幼儿共情能力方面的研究中，我们就可以找到这种我们人类天生的安慰能力。面对其他哭泣的幼儿，即使彼此不认识，幼儿也会尽力去安慰他们，就像他们自己希望得到安慰一样。比如，他们会把自己的妈妈带过来，或者给哭泣的幼儿玩具等[30]。童年是人类最脆弱、最缺乏人生经验和挫折体验的时期，因此幼儿非常需要安慰。

被安慰的孩子体会到了在困难中可以依靠成年人（之后依靠亲友），他也许以一种更加微妙的方式明白了在生活中失败和受伤害都是正常的，对此无须害怕，因为他终究会得到抚慰。这是儿童之间互相安慰的成功经验留下的一笔珍贵财富：人们不再自动地将个人痛苦视为一种失败，而且失败既不是一种弱点，也不必然造成人的孤立。

或许是因为这个童年的根源，安慰会将我们拉回到童年时期，并提醒我们：每个成年人都是一个在不知不觉间长大的孩子。他长得太快了，直到某天突然发现别人称他"先生"或"女士"，直到皱纹满面、白发苍苍、体力不支，还觉得惊讶不解。所以，要接受安慰，必须先接受自己跟童年一样脆弱无助，必须丢掉大人的衣服、成年人的方式、强大的外表、力量的假象、各种固定的想法。儿童的特点是，他们经常感到无法独自面对痛苦和不幸，于是毫不迟疑地求助并相信那些安慰他的人。可见，接受自己的软弱和信任他人是得到安慰的两个先决条件，即使我们常常觉得这种感受会令人担忧甚至不舒服。

安慰的欲望并不仅仅是同理心、理解力、减轻痛苦或让人觉得舒服的欲望，这些当然都被包括在内，但远非如此：安慰是种友爱的行为，无论被安慰者还是安慰者，安慰的行为都能让他们不再感到孤独无助。因为所有安慰者都预感到，某一天也许自己也会体会痛苦。

安慰者和被安慰者的距离并不遥远。人生旅途中遇到的考验不断变化，这两种角色经常互换。他人的悲伤之所以触动了我们，可能是因为相关事件令我们感动，也可能是因为我们清楚自己也会遇到或者也曾遇到相似经历。

安慰也表明了一种相互依存的关系。它让我们从别人那里获得至少此刻我们无法（或者无法完全）提供给自己的东西。痛苦令我们脆弱，安慰则使我们有人情味。它提醒我们，作为人类，我们属于一个相濡以沫的群体。

联系能安慰人

既然现实无法改变，那么安慰要如何生效？安慰是安慰者和被安慰者共同完成的，通过安慰这个迂回途径，人们表达了爱和温情、友谊和亲密。这个纽带的建立让我们感到温暖，如同在治疗或护理过程中，"药方"（这里指帮助人们正确对待逆境并重新振作起来的话语）偶尔不"见效"也没有关系。

如果这份联系能安慰人，那么接受它就意味着接受安慰者。安慰的动作常常很简单，安慰的话语也很平常，但我们接受它的方式并不寻常。那么，我们容易接受哪些人的安慰呢？

首先是亲人。因为他们爱我们，只要他们在场就足以令人温暖。

其次是专业人士。因为无论护理人员还是心理医生或其他专业人员，都具备丰富的安慰经验，而且他们经常面对诸如死亡或哀悼等重大的悲痛，所以他们善于倾听哀悼者的心声，并以温柔和希望为他们重建安宁。例如，有人曾说："陪伴这些哀悼者，不是告诉他们那些他们已经知道的事情，而是以另一种方式转述他们告诉你的话，以便他们也能听到。"[31]

最后是朋友。加缪曾经写给诗人勒内·夏尔这样的文字："我越年长，越觉得与之生活的人，只能是那种能够给我自由、要求不多却情深意长的人。如今的生活已经太残酷、太苦涩、太沉重，让人无法再承受来自爱人的新约束……我是您的朋友，我喜欢您的乐天态度、您的自由自在、您的冒险经历，总之，我想成为您永远值得信赖的伙伴。"[32] 这就是加缪写给夏尔的话，他想从朋友那里获得一点安慰，因为他刚在诺曼底度过整个夏天，试图写作却一字未写："今年夏天我一事无成，而我原来打算写点东西的，但这个才思枯竭的状态、这份突如其来却挥之不去的匮乏感让我觉得相当苦恼。"

两位作家在加缪去世前的 1946—1959 年，保持了深厚的友谊和长时间的通信。阅读他们往来的信件让人明白，安慰也能远距离进行（即使他们经常见面）："我时常想到您，想到我们的友谊。于是，时间减轻了它的敌意，我的笔下不再只有伤感。些许童年回忆温暖了我迷失的心灵。"[33] 他们通过写鼓励的话来相互打气："快点康复并获得丰收。"[34] 对一位作家朋友来说，还有什么比通过写作来获得丰收更好的祝愿呢？他们就各自的著作祝贺彼此。夏尔在加缪发表了《鼠疫》之后对他说："您写了一部伟大的作品。孩子们再度得以成长，幻想重获生机。"[35]

"要求不多却情深意长"，这既适用于友谊，也适用于安慰。安慰之言应该听起来不累赘，但让人感受深刻。我们的朋友中往往既有出色的安慰者，也有不太擅长安慰的人。虽然朋友并不只是用来安慰的，但可能是最合适的安慰者：因为朋友不远不近，既不会陷入我们的悲伤，也不会任由我们孤独。

我们也能从其他痛苦之人或者有过类似经历的人那里获得安慰。他们经历和思考这些考验的方式也能给予我们安慰。我们期望从像我们一般受苦的人那里得到的，并非关于面对不幸时该如何坚持或适应的教诲，而是一种朴实无华的默契，在一种共享的沉默中，一声叹息、一个微笑、一个眼神，都足以表达双方对痛苦的心照不宣。

归根结底，任何人都能在任何时候安慰他人，只要是真诚和发自内心的安慰，自然会产生奇效。

一位女患者的叙述：在手术室的走廊里

"他们带我去外科手术室动手术。我知道这是人生的关键一刻，此时我不再有任何掌控能力，只是一具有病的身体，被人拉去做一个可能有效的手术。我不去动任何乐观或悲观的念头，只是让自己什么也不要想，让脑子里一片空白，因为现在时机不对，我觉得自己难以控制将要发生的一切。于是，我只是关注自己的感受，只是看着、听着、感觉着。我觉得软弱而孤独，担心一切风吹草动，如同新生儿般毫无防御能力。于是，所有来自护士的友善信号、微笑、鼓励的话语、给人打气的友善玩笑、推动担架车或将医学档案放在我身上的温柔动作等的一切，只要它带着人情味和善意，都让我备受感动和鼓舞。后来，一位处境相同的朋友告诉我相同的故事。手术之前，她在外科手术室的走廊里，躺在担架床上。另一位女士也躺在担架床上，就在她的旁边。她们俩互相凝视、微笑、一言不发。对方的眼神和这份面对疾病的姐妹情谊鼓舞了她，让她感觉很好。有时，感到不孤独，就足以让人坚持下去。孤独的感觉总会加深恐惧和痛苦。"

远距离的安慰

另一种接受安慰的方式：选择孤独，远距离地接受安慰。

性格内向的人处于痛苦中时，有时会被过多的安慰所淹没，因此，他们需要回避并保持距离，让自己保持沉默喘口气以整理思路。这和受到遗弃或未得到安慰的孤立状态完全不同。性格内向的人之所以选择孤独，是因为其他人都想来安慰自己。虽然安慰令人感动而温暖，但他们还没有准备好接受安慰。于是，至少在一段时间内，他们躲开了。

然而，主动选择孤独是因为和外界的纽带还存在，因为这种远远地在场的感觉依然能安慰人。他们虽然和别人在一起，但保持在边缘位置而不完全投入，他可以感到自己存在于人群中，但是他选择独自一人来消化和思考痛苦，随后，在自认为合适的时机再接近他人，继续和人交流。

这种远距离的安慰有时比近距离的安慰更有效。因为它受到了一种奇特情绪的滋养，混合了痛苦的心情和对他人关爱的确信，所以人们可以对其进行想象。这种想象中的安慰是相当完美的，比有人在身边安慰自己还要好。

蒂蓬解释了这种奇特现象："你若在场，你便受到局限，你只是你自己，而其余一切都分散了我对你的注意力。你若不在场，你便如同神一般，无迹可寻却又无所不在，因为一切都让我想到你。这使我明白了所谓的'神无处不在地缺席'。"[36] 当我选择独处时，无所不在的还有别人对我的爱。当我所爱和爱我之人身处远方时，他们始终在我身边。说句题外话，这就是为何爱情能从距离中汲取养分、常看常新，因为占有欲和有害的牵挂都被洗刷掉了。远距离的安慰洗去了一切笨拙，虚幻而亲密，因此总能发挥奇效。

安慰的人

最后，我们还有他人的安慰。他们通过各自的言论和生活方式给人启发，即便这些话语或方式不具有针对性。

诗人克里斯蒂安·博班总是善于使用言语来慰藉人，比如他和嗜书如命的记者弗朗索瓦·比内尔之间的这段谈话[37]：

比内尔：您是怎么度过那些波澜不惊的日子的？

博班：在那些日子里，我应该不太高兴，眉头紧皱，神情像张被揉皱的纸。于是，我等待着，就这么简单，耐心地等待。这是我唯一的诀窍。

比内尔：等待是一种智慧？

博班：是的。因为据我所知，关上的门会再度打开。

这句话简单而有力："关上的门会再度打开。"如果痛苦的人听进去了这句话，他们就会感受到一种鼓舞。

那些经历了同样磨难并尽力继续生活的人的故事也能安慰人，因为我们从中看见他们以镇静和明智的态度面对重病、残疾或死亡等不幸，我们不是因此感到庆幸（"幸好这事没有发生在我的身上"），而是从中受到了深深的启发（"多么勇敢！充满尊严！我能借鉴吗"）。的确，安慰是和他人重新建立联系，因为他们能安抚我们的悲伤。

和大家一样，我也经常对人和人之间的争执感到难过、灰心、遗憾，有时还会痛心疾首。但是，生活并不总是令我沮丧，总有人让我深感安慰。多亏了这群心地善良的人，我才对人类未来充满信心。这些人显然占大多数，不过他们安静且不引人注目。有时，我对人的注意力总是集中于潜在的危险和不幸，却对美好的事物视若无睹，感到闷闷不乐。我对自己说，那些善良的人到最后终究会成为赢家，即使这个"最后"会花些时间才能到来……

和自身重建联系

"一个人必须努力安慰自己，而不能像坠入深渊一样沉溺于痛苦。诚心照此实践的人，必出乎意料地更快痊愈。"[38] 我很喜欢法国哲学家阿兰的这句话。我也喜欢他在这里使用的这个词：努力。它似乎有点不合时宜，让人想起学生时代那些笨拙而坚持的努力，比如在本子上费劲地写好每个字。

当人从当头一棒中恢复过来时，自我安慰要比放任沉沦更好，安慰要比钻牛角尖更好。无论怎样，人们都要尽可能地将思想转到这个方向上。在等待外界援助和安慰之际，人们完全可以尽力准确地努力进行自我安慰。

自我安慰

某天早晨，我整个人情绪低落、沉默寡言。我正因某种个人原因而感到烦恼。不过，什么能改变我这忧郁的一天呢？我有种预感，如果听之任之，这种情绪会在思想里牢牢扎根，因为我的脑子特别擅长钻牛角尖，来回琢磨负面情绪和悲观念头。如果我不加以干预，它会深入下去，特别是在目前燃料充足的情况下。我的烦恼是真实的，而非在顺利之时的无端消沉。一旦忧郁开始发作，作为普通人兼精神病医生，我心里很清楚：这个状态会持续数小时甚至数天。

于是，我决定不能再这样下去，必须努力抗争，进行自我安慰！烦恼确实存在，但我不想整天琢磨它们。要知道，当忧虑或消沉的情绪不太严重时，我们完全可以通过力所能及的一些小措施来避免自己陷入其中——至少，我要尝试一下。

其实做法很简单。首先我们要微笑着对自己说："在我的生活中曾经有、现在也有、将来可能还会有许多美好的事。"让自己活动起来，特别是不要瘫在沙发上钻牛角尖。于是，我起身播放一段快乐而富有活力的爵士乐，大声哼唱，并跳上一两个舞步，再将屋里的东西整理一下。我决定今天要小跑着上所有楼梯，而不是拖着脚步缓慢上楼。然后，我决定外出几分钟换换空气，享受活着的感觉。结果——至少是在那天早上——我取得了不错的效果！请注意，这些小努力并未带给我一种深度的喜悦，没有让我快乐到忘我的地步，但是我的感觉的确转好了，我再次融入生活，这就是收获。借此机会，我还做了15分钟的正念练习：放空思想，无所事事，只是感受、观察和体会当下。与大多数人的想法有所不同，忧虑和消沉的情绪中并不只有灰心，也有期望。人们都会希望自己能找到办法或者问题不要存在，只不过有些人会立刻泄气地认为，解决之道并不存在。

在正念练习中，我看见这些想法、希望和失望掠过，我任它们在脑海中穿行，最后因为缺乏燃料而消失殆尽。它们的燃料就是我的参与，但我决定既不参与，也不支持（比如想"我遇见的事情太糟糕了！"）或反对（比如想"我必须走出这个困境"！），任其存在并躁动，我只是袖手旁观。目前，我做的更重要的事是感受自己的生命活力和周边的世界。这足以令我感到愉快。这份微弱的愉快既力量有限又不完美，还带了点担忧，但这份小小的愉快，比一早起来的消沉要让人舒服得多 [39]……

自我安慰由何组成

正确看待苦恼和悲伤

身体状态会透露并反映我们和逆境的关系。如果我们没有找到解决方案，可以暂时将逆境和寻求解决方案放在一边，接受自己正在苦恼的现实。我们可以花点时间问自己是否想、是否有必要陷进这份苦恼。因为悲伤流泪，任由情绪发泄也可能是个不错的主意。有时，最初的低落情绪也有一定作用，让我们可以慢慢地脱离这个状态，去考虑体验一些容易做到的、简单而令人舒服的事情。

整理自己的内心

海因里希·冯·克莱斯特在其小说《米夏埃尔·科尔哈斯》中通过一句话给出了关键："在他深深的痛苦中，见到世界如此可怕而混乱，他内心一种隐秘的满足感油然而生，因为他自己始终有条不紊。"[40] 不幸越是在表面上看来杂乱无章、理不清也看不懂，我们越要厘清自己的思想和感受，我们可以用语言来表述（比如诉诸文字）自己的所见、所思、所感，但要记住，这只是一种暂时性的参照。

这是心理治疗中一项常见的基本工作：帮助来访者对自身进行思考，就他们的遭遇进行梳理并加以诠释，指出发生的事件，识别与之相关的反应。然后，来访者要发现哪些是过去形成的习惯性动作，哪些是现在做出的决定等。我总是惊讶地发现，十有八九，在就诊时来访者才会花工夫来进行这项思考和内心整理的时刻，其他时间他们只是忙碌或消遣，而不去考虑他们的生活方式。当人过得好时，内心失序无关紧要；但是，当我们不幸福时，它就变得有害了。让我们整理自己的思绪，就像不开心时整理房间一样，这样我们可以看得更清晰，感觉更轻松，也不会那么压抑。

悲伤时微笑

当我们精神愉快时，我们的面孔是微笑的；当我们微笑时，我们的幸福感就会增加一点。这就是专业术语所称的"反馈循环"。几乎所有研究都证明微笑对情绪的缓和效果并非一种臆想，而是现实[41]。我们是否应该在痛苦时强迫自己微笑来对抗不良情绪呢？当然不是。不过，应该提倡的是，当生活赐予我们动人心弦的、温情脉脉的、开心愉悦的一刻时，即使心情悲伤，我们也要准许自己微笑。让自己微笑，即使笑容中带着感伤，也表明我们无论经受了何等考验，依然对美好的、善良的或有趣的一切敞开心怀。

研究表明，那些即使处于逆境[42]，甚至失去了另一半[43]，也依旧能保持微笑的人，往往在后来能战胜悲伤并自我修复。（因为我经常听到强制人快乐或微笑的言论），所以我要强调，当生活带来美好的惊喜之时，不要强迫自己微笑，而要任由自己去微笑，仅此而已。这正像外界带来的安慰，不要强迫自己去接受或假装好受了点，我们可以自己努力一下，带着微笑去迎接它们。如果想减轻痛苦，那就以初学者的心态，去做些简单的事。

我努力去微笑、哼唱、独自跳舞、忙碌……这都是些鸡毛蒜皮的小事，但经常很有用处。活动在短时间内局部地暂停了悲伤。这类活动具有安慰性质，因为它能带我们走得更远，向我们展示比自身和个人悲伤更广阔的天地。我们应该让身体和外部世界再度相联，包括满足身体的各种简单需求，因为身体如果受到悲伤的束缚，我们就会裹足不前。这就像对着灰烬下的星星之火吹气一般，我们应该重新燃起自己对生活的希望。

这里的关键或者秘诀，就是初学者的心态。很多智者始终抱持这种清爽而好奇的态度，他们像对待人生中的每个第一次一样对待每种新情况甚至是每个生活片刻的。这并不意味着生活处在一种健忘的状态，或者放弃了过去积累的种种经验，而是以一种常新的警觉状态，确保我们经历的一切以及知道或自以为知道的一切不会阻碍我们成就新的发现、新的学习、新的提高。因此，重要的是，我们应尽可能地感受和接纳各种简单的安慰方式，而非事先就对其抱持不信任的态度。

在痛苦中培养初学者的心态并不容易。因为我们相当了解痛苦，都经历过痛苦，于是，我们时常认为自己是应对和战胜痛苦的专家。我们经常设想："没用的，这行不通。"然而，每次我们放弃时，其实都错了，因为我们经常被困在狭隘的习惯性反应中，而非真正地在各种自我安慰的方法和态度中进行清醒的选择。我们应该经常以钦佩之心来认真借鉴年轻人（往往是儿童）对待痛苦的态度。他们的身上有着一种天生的初学者的心态。

我参加过一位女性朋友的葬礼。她被一场来势凶猛的疾病夺去了年轻的生命。在葬礼上，她四五岁的孩子在墓地里和同龄的堂兄弟姐妹玩耍。我对他们产生了一种深深的同情："可怜、无知的孩子，他们不哭，是因为他们不懂。"不过，我也对他们看来简单而无穷的精力和生机感到钦佩。也许他们并未真正地选择，只是决定这个时候不是伤心的时候，而是玩耍的时候。他们的眼泪又能为已经发生的悲剧做些什么呢？

设法产生安慰性的想法

尤其是，不要坐等安慰性的想法的产生！即使感情上未必准备好，我们也要努力地在精神上安慰自己。这如同在昏暗的房间里打开窗户：即使我们没有倚在窗前欣赏阳光或天空，没有发出快乐的惊叹，光线也会射进来，这对我们大有裨益！

在认知疗法（必须专心审视一切内心活动）中，这类安慰性的想法被称作"替换想法"，为我们负面的信念提供了一种替换想法，在思想中有点强迫性地植下自我安慰的念头来回应我们的担忧。你可以想象一下，你的担忧其实不会实现，一切都解决了，那么你会有什么感受？是否好一些？也许，你会立刻补充反驳"实际上不是这样的"。可是你错了，因为实际上你什么也不知道！所以，还是放开这份担忧吧，它只不过是种假设。你先等等并了解情况，如有必要再开始难过也不迟。

当然，我们正处于悲伤中的思想无法如此轻易地接受这种拓宽的视野、关于人生的明智而中肯的内心辩论！我们得强迫甚至训练自己的思想去如此运行。我本人花了数年时间，才令这种思想上的辩论更频繁和稳健地发挥作用。

刹住黯淡的心情

又是一段心情黯淡的时期：健康问题、为亲人操心、物质烦恼。我知道我会熬过去的（如今我将它写出来就是一种证明）。但是当时我的思绪灰暗，而且只有一个念头：让思绪变成黑色的，最好是黑漆漆的。我乘火车出发，一路上将所有目光所及的悲伤事物都尽收心底，比如越过墙头看到墓地里的坟墓，我就想到这些死去的人，想到他们的命运、我的命运、我们所有人的命运。我探寻自己的思路，发现在这个"他们的—我的—我们的"中，"他们—我—我们"中的第一部分"他们—我"属于我的习惯性动作（自我正在唉声叹气且自怨自艾），而第二部分"我—我们"则是有意地将自己的痛苦扩大到全人类的痛苦。我对路上见到的房屋也感到忧伤，那天它们都显得有几分悲哀、丑陋和破旧。我经过一家只有走道宽的小煎饼店，这家店我从未见有客人光顾，最后它关门了，正如门上一张潦草手写的小牌子所示。我还注意到墙上的青苔，但从中看到的不是生命的顽强，而是时间的锈迹。我抬起头，看到现代而丑陋的新楼将马路对面小学校的阳光夺走，孩子们从此不得不在阴影里玩耍。无数地方激发了我的忧伤，而这份忧伤就只需要这份燃料来继续燃烧。发现这点后，我会做些小努力来抵制它的蔓延，断绝它的燃料。我强迫自己寻找安慰的乐趣。也许开煎饼店的人得到了一笔遗产，如今过着比等待客人上门要好得多的生活？也许，他们宁愿没有太多的客人？狭小、丑陋的民居和楼房也许其貌不扬，但不妨碍它们的住户生活美满。幸福之人安居陋室，好过不幸之人置身豪宅。

最后，我的情绪如何？嗯，不好也不坏！不过，挣脱情绪阴霾令我舒服一些，感到心情不那么黯淡了。我继续自我安慰，抬头眺望蓝天。这时候，我感觉安慰就在阴云背后，触手可及了……

相信幸福和好运的存在

我们总在争取幸福，不过有时一个念头会横空出世、将一切努力抵消："幸福对别人来说的确存在，但对我来说，并不存在。"果真如此吗？为什么会这样？如果你想知道原因，就得鼓足勇气生活下去，去看看明天、下个月、明年会发生什么……我记得在杂志上偶然读到一篇对作家弗朗索瓦·努里西耶的采访。他日渐衰老并患有帕金森。他对记者说，他赖以度日的生活动机从此就是"让生命延续的简单快乐"。那时我尚年轻，觉得这个想法可悲而狭隘。如今，我开始理解了。我在他表面上的放弃背后看到了一种智慧：身体退化，那便减少期望；时光飞逝，那便微笑生活。渐渐地，我们会摆脱不值一提的琐事，只看见生命的甜美之处。岁月的流逝使我们重新拥有婴儿般单纯的生活动机，唯一的区别仅仅在于，婴儿的未来尚有无限可能。

关注不属于自己的其他痛苦

阅读或聆听悲剧故事能否安慰人呢？可以，只要医嘱不是："看吧，有人比你还惨"，只要不是为了堵住我们抱怨的嘴。不过，要从中获得安慰，我们必须主动或在机缘巧合之下接触这类悲剧。学会在比我们更惨的遭遇面前闭嘴，并非一种安慰。命令的方式会激起抵触情绪。面对我们尚未做好准备接受它的事物，即使这些事物可能有益、令人拓宽视野，我们也会在精神上抗拒它们。

以话语来缓解痛苦

凡人的生活处处充斥灾难，免遭它们打击的人寥寥无几，因此我们常常要施以安慰来减轻朋友的痛苦。平心而论，每次在无法用行动来补偿我们所爱和想帮助的人的不幸之时，中肯而友好的安慰之言并非毫无意义。至少，我们通过话语缓解了他们的痛苦。不过，我们必须巧妙地进行，免得像初出茅庐的医生那般，使依旧敞开和淌血的伤口恶化，而非缓解它的痛楚。

——伊拉斯谟《论写作》[44]

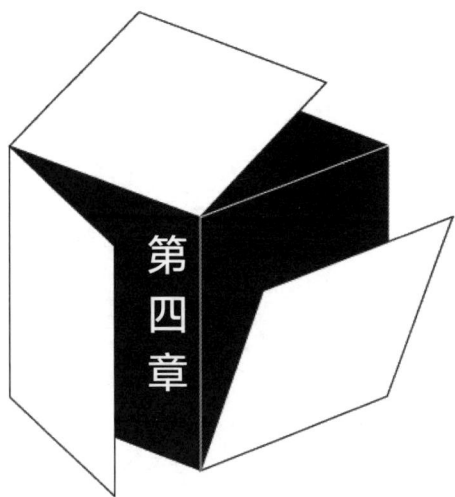

第四章

安慰他人

~~~

"目标是过得幸福，花时间才能做到。我们每天都必须努力，即使努力，也有许多待做的事情，包括安慰别人。"[45]

儒勒·列那尔在他父亲自杀的那年在《日记》中写下了上述这段崇高的文字。当时，他也许想到了幸福和安慰的紧密联系：幸福给我们力量去安慰他人，安慰则赐予双方一种幸福。

如何安慰

安慰时，我们就地取材，试图让处于痛苦中的人好受一些。不过，仅此而已并不够。按照上文提到的伊拉斯谟等古典作家的观点，若想适当地安慰对方，还需要某种策略。这是一门棘手的艺术，规则繁多，而且哪条也不能保证绝对有效。那么，即便安慰常常出于直觉和冲动，是否存在一种能更好地安慰他人的"安慰之术"，或者"安慰之道"呢？

首先需要总结安慰的三大支柱：

- 陪伴（比如："我在这里""和你一起""我留在这里""只要你需要我，我就不会离开"）；
- 情感支持（比如："我爱你""我在乎你，想减轻你的痛苦"）；
- 物质支持（比如："我会尽可能让你的生活轻松一些"）。

第一项无声似有声，感情深厚；第二项意简言赅；第三项在实施时贴心而低调，不能让被安慰者背上感恩戴德的心理负担。

然后，还有其他的因素……

安慰的恰当时机

我在精神病医生职业生涯中，经过数年执业掌握了"化时为机"的艺术，即在恰当的时机说出适当的话语。有时，就诊一开始我似乎就清楚应该说或做些什么来帮助来访者。不过，我渐渐学会最好还是等来访者有接受帮助的欲望、需要或能力时再开始治疗，不能操之过急，否则对方会觉得我没有听他讲述自己的情况就立刻给出了治疗方案；但也不能太迟，否则痛苦一旦占据上风，来访者熄灭了一切期待和希望，就不再具备接受的心态了。

安慰或帮助人的话语不能流于表面或太过郑重其事，而应是在适当的时机、针对当事人而非其他人设计的合适话语。即使治疗师经常重复实质性话语（因为来访者经受的痛苦往往相同），并且经常促请来访者学会自我照顾、自我尊重、自我原谅并采取行动，治疗师也总是留心调整话语的形式，选择能够触动痛苦中的对象的词句和形象。这是因为在大部分情况下，这些治疗意见之所以能触动对方，不是因为新颖特殊，而是因为充满真诚并正好符合对方接受的心境。

亲朋好友之间的日常安慰也可以遵循相似的规则，只是不属于治疗范畴。当治疗师坦诚地安慰来访者时，他可能超出了职业范畴，真心友好地进行着一种情感分享。从他的身份来看，这个做法不寻常，因此他的话语更加动人有力。

安慰艺术的一条黄金规则就是不要急于安慰。同样的话，如果在深入交谈后再说出来，就能够安抚人，如果说得仓促或急于获得抚慰的效果，反而会令人惊讶、无动于衷，从而意义全失。人们会怀疑这些急忙开始安慰的人其实是在寻求自我安慰，而非安慰别人。有时，不明说的、隐藏性的安慰更有效。我们不能大声宣布"我来安慰你的痛苦了"，这既是狂妄、不谨慎的，也是行不通的。

塞内卡①就是这样想的。为了支持哀悼中的亲友，他写下了数不胜数的安慰话语："我知道，当你的痛苦尚新且仍在肆虐时，我们不能直接去对付它，我担心安慰的话反而会加深痛苦……因此，我等你的痛苦自行缓和一些，让它在时间的流逝下渐渐能够承受'治疗'，到那时我再来'检查和治疗'。"[46]

为何要如此谨慎？这是出于对被安慰者的尊重。因为，他如同在事故中受多处重创的伤者，痛苦不堪而且弱不禁风！安慰像一种入侵行为、一种有意控制，如果不在合适的时机缓慢地进行，就会伤害到对方。时机不对的安慰会引起对方的痛苦和抗

---

① 古罗马哲学家、剧作家、政治家。——译者注

拒，从而阻止倾听和改变。

安慰的自然法则

安慰是个修复的过程，它针对的是当事人而不是造成痛苦的情形，激活了几乎人人都具备的修复心理创伤的自然能力。渴望安慰的意愿潜伏在人体内，我们只需重新点燃它。古人早就洞察了这点，比如 18 世纪默默无闻的诗人兼寓言家杜坦伯雷[47]就曾指出："若想进行安慰，必须具有一定分寸，还要仿效自然缓慢进行。"

无论对安慰者还是被安慰者来说，耐心都是必要的。安慰者尤其需要耐心，因为是他们在进行安慰，而被安慰者只需要决定如何反应。耐心是一种缓慢进行并懂得等待的智慧，它对安慰这个谨慎而漫长的过程来说十分必要。此处的安慰不是由鼓励行为或话语带来的鼓舞，而是"安慰的工作"代表的整个历程。这就如同人们口中的"哀悼的心理过程"或助产士口中的"分娩过程"这一与母亲分娩有关的术语一样，人们希望通过努力让这些过程推进得更为顺利，但这些努力也必须时机恰当。在重大的不幸中，安慰工作并非一劳永逸，而是一段随时会闪现幸福的漫长旅程。

在多数情况下，安慰者要在被安慰者和时间的关系上下功夫，在被哲学家德莱克鲁瓦精辟地称为"因痛苦而失调的时间"[48]上下功夫。这个说法强调，现在、过去和未来在痛苦的作用下扭曲，如同金属在高温下变形。痛苦令人立刻对痛苦本身产生延续性甚至永久性的恐惧，有时这还会成为一种执念。所以说，安慰的行为旨在寻求摆脱痛苦的钳制，因为在痛苦中凝固而扭曲的时间占据了我们的思想。

我们也将看到，人在一生中频繁收到的安慰会如何逐渐改变我们的世界观。时间流逝，在痛苦和安慰你追我赶地反复出现的过程中，每个人都开始明白什么是变化无常。埃马纽埃尔·卡雷尔在其作品《瑜伽》[49]中不无狡黠地写道："顺利时，我相信迟早会出问题，这常常是对的；不顺利时，我却总是错误地认为事情不会有转机。"这是理所当然的！可是，我们常常需要时间来相信并接受这点，而非仅仅在理智上知道或承认它。接连遭遇的不幸让我们看到了一个必然事实：幸福是脆弱的，而持续收到的安慰也令我们看到另一个必然事实：这份幸福会永远地循环再生。

让小草生长

我的一位朋友的儿子的短暂性精神病发作了，我不得不让他住院。这位朋友因为焦虑和内疚想加快治疗，这既是为了治愈孩子的精神疾病，也可能是为了平息折磨自己的焦虑和内疚。他未征求医生同意就想让儿子出院，而这个决定是完全错误的。起初，我试着从理性角度和他解释，后来我才明白自己应该采取迂回策略。我先让他意识到他自己的焦虑和内疚，并鼓励他接受这些情绪，然后我才开始安慰他，强调他的焦虑很正常，面对这种情况我也会有相同感受；同时，我给他提供了他不了解的这类精神疾病学科领域的信息，给他希望，时常陪伴他并聆听他的倾诉来帮他缓解焦虑。我用词简单，一再请他耐心些，他也终于接受了痛苦的现实。过了一段时间，他打电话跟我说："你知道吗？和你交谈让我好受很多，你跟我说的一句话大大地安抚了我无能为力的痛苦。你对我说'我们不能操之过急'。这话让我明白了我应该留点时间，不必过度紧张，也不要过分干预……"

简单的安慰话语

要安慰他人，无须考虑格外复杂的策略，起初往往只需要一点陪伴、一个想法、寥寥几个动作或几句简单的话。福楼拜曾说，他坚信人只要想安慰他人，说出的话就不可避免地变得笨拙。他形容说："当我们试图让星星感动时，人类的语言就像在敲打破锅演奏浪漫曲来逗狗熊跳舞一样。"[50]

痛苦模糊了痛苦之人聆听的能力，他们只能听到简单的话。痛苦对无用、肤浅的一切有种天然的抗拒。一切既不用来抗争也不用来逃避的身体功能在人们承受压力时都会暂停工作，因此，这些功能在长期压力下会出现紊乱。同样地，痛苦之人也会摒弃无法援助或安慰他们的一切，因为不幸和安慰的必要性令人倾向于满足简单和基本的需求。我在大学教授心理学并在医院指导实习生时，总是要求他们必须微笑着接待来访者。我向他们解释说，来访者并非无缘无故前来就诊，他们一定是因为身陷痛苦并难以正常生活，才会带着创伤和焦虑来向我们求助，所以，我们应在开始交谈前先以热情的接待来安慰他们。

身体和安慰

有些人为了安慰别人，能毫无顾忌地拥抱对方，这种做法一般来说值得赞许。亲友之间通常会进行身体上的接触，非亲非故但温柔友爱的人也可以这么做，这是由时机是否合适和安慰者内在的信念决定的。

在研习医学期间，我曾在医院担任见习医生。那时，总有包括主治医生、护士、助理和各类见习医生在内的一班人马进行病房探视。一群穿着白大褂的人在每个病房进进出出。有些主治医生会坐在病床边，将手放在患者腿上停留一会儿，通过身体接触来鼓励对方；而另外一些主治医生则站在床尾，除了检查从不触碰患者，从来不去安慰对方，也从不表现对患者的痛苦和焦虑的理解。

时过境迁，现在情况当然有了改变。然而，安慰始终是医护人员的一个手段[51]，或者仅在患者有严重病症、慢性疾病或不治之症的情况下[52]，在医学无能为力的情况下，才会被考虑采用。治疗手段无用之时，医生还有何可为之处？安慰减轻了痛苦，在病情发展中扮演一种潜在的角色。这种角色在医护人员看来有时微不足道且作用相当有限，但它通常能帮助患者在病情恶劣的情况下仍然保持对生存的渴望。

据说，著名的法国神经内科医生雷蒙德·加辛时常强调"爱是医学的根基"。关于这点，他经常引用诺贝尔医学奖获得者夏尔·尼科勒①在一位同事抱怨他的患者精神沮丧时所说的话："您至少为了安慰他而握住他的手了吗？"[53]

对我来说，作为精神科医生，除了握手致意，我几乎从不触碰来访者。只有在某些罕见情况下，比如对方在我面前泪流不止，言语已经无济于事时，我才会绕过办公桌，坐在他的身边，将手放在他的肩膀上。我觉得自己有点滑稽，因为这多少脱离了自己的角色。我同时还会继续对他轻声说话，想借话语来隐藏自己的些许感受，而对方十有八九更愿意我保持沉默。

还有时，来访者谈到艰难的时刻并在治疗中再度体验它后，我会在送他出门时握住他的双手，说些支持、安慰和友爱的话

---

① 法国细菌学家，于 1928 年获得诺贝尔医学奖。——译者注

语："我知道这不容易，但是我们会成功的。请在我们下次见面前多多保重……"这都是些简单的甚至不走心的劝告。可是，多年之后，这些来访者告诉我，这些时刻、这些平淡而普通的话语和治疗方案共同帮助了他们。这听起来可能有点令我不爽，但特别有启示性：永远不要迷信只有学识和经验最有用，有时我们也要听从自己的内心。

患者的泪水常常是患者本人和治疗师的安慰之间的引线。每位精神病医生的办公室抽屉里都有一盒纸巾，当他感到患者泫然欲泣时，就会抽张纸巾给对方，这常常会令对方难以自抑地哭起来。来访者总是为自己在医生面前哭泣而道歉，仿佛这不应该、不礼貌、太软弱，而医生则认为他们做得对："您正在和我倾诉您的困难和痛苦，忍不住眼泪是极其正常的事，不要阻止它。"

所以，我们不该太快重提话头或太早出言安慰，只要试着微笑、点头，在他们想重新开始说话时说："我们的时间还很充裕，让我们默不作声地待一会儿，您想哭就哭吧。"安慰并不是非要抹去泪水，而是让泪水毫无顾忌地流淌，而我们要待在哭泣的人身边触手可及的地方……

缩水的毛衣

一位疲惫的妈妈某天正在机洗毛衣，因为她搞错了洗衣程序，她最喜欢的毛衣缩水了，变得有些滑稽。她的女儿取出毛衣晾晒，有点纳闷，把这个小事故当作一件趣事告诉了妈妈，家里其他人也都跟着笑了。妈妈的泪水却涌了上来，只有一个孩子注意到了这点。对其他人来说，这只是件可以丢弃的毛衣，虽然令人不快，但无须小题大做。这时候，具有共情力的那个孩子站起来，给了妈妈一个拥抱，于是，妈妈含泪笑了。其他孩子意外地见到妈妈哭了，不觉间有些窘迫，因为他们既没有发现妈妈哭了也没有明白究竟是怎么回事。妈妈对那个前来安慰的孩子说"谢谢"，因为她在这一刻只需要这点安慰，安慰自己因为疏忽和匆忙损坏了心爱毛衣的难过心情。这只是一件无关紧要的烦恼事，如果没人看见或留心发现，自然也无人会去安慰她。这并非一场悲剧，却因得到安慰成就一份幸运。这个安慰的动作改变了妈妈的心情，至少是那天的心情，但也可能是更长一段时间内的心情，甚至某种心境从此以后便因这件事而永久改变。

安慰的企图

与所有医生或者所有撰写援助、慰藉和鼓舞方面的文章的作家一样,我常会收到大量信件。其中有些是感谢信,有些是咨询信,我总觉得自己必须一一回复。令我最为烦恼的是,有些马虎、大意的寄信人总是忘记写来信地址,这让我这个容易焦虑、共情的人立刻开始担忧,设想各种可能的严重后果。我想象这位给我写信吐露心声的寄信人,每天查看信箱却没有收到回信,对我感到失望,变得更加悲伤。这可能让处于悲伤中的人雪上加霜,我因此相当不安。

即使那是一封快乐的感谢信(我也收到不少),也会令我难过。我害怕自己无法回复会影响寄信人的幸福,令对方遗憾或失望,从此变得尖酸刻薄或愤世嫉俗。

总之,我总是尽可能地回复来信。我觉得这是我作为医生、作者和普通人的三重责任。我的回复有时因为时间限制而非常简短,有时比较长,衷心希望自己的话语可以远距离地帮助和安慰对方。

以下是几封回信。

致一位罹患肌萎缩侧索硬化 [①] 的女读者的信 [②]

在给她写信时，我根据她在信中的描述，明白她将不久于人世。为此，我容许自己说"全心地拥抱您"。我从未对患者说过这句话，但她遭受的巨大不幸将我与她的距离拉近了，我有理由（或错误地）相信自己流露的温情会让她舒服一些。

亲爱的安娜，

感谢您的来信和对我们的信任。

我曾多次陪伴罹患肌萎缩侧索硬化的患者和他们的亲属，我可以体会您的感受。作为医生，我知道安慰的话语无能为力却又至关重要，但我也知道您得到了很好的陪护。我完全理解您的选择离世时刻的想法，我觉得我也会像您这样考虑。不过，我希望您还是留意每天带给您美好和欢乐的瞬间，即便它们转瞬即逝、不够完美也不够圆满。面对这份悄悄逼近您的死亡（就像逼近我

---

① 俗称"渐冻症"。——编者注

② 在您读到这封信时，她已经过世。您可以在此刻暂停阅读，为她寄去哀思。她可能会收到，至少我希望如此。我见过她几次，她是一个很好的人。

们大家一样，只是表面看起来要遥远一些），我只想告诉您这样一个信念：我们别无他法，只能尽量享受当下的快乐，回顾我们昔日的幸福并庆幸曾经度过。这是一份很小的自由，让您尽情回顾生命中所有的今昔辉煌，与逼近的死亡阴影相比较，它显得格外微弱，但它却是您剩下的最美好、最诱人的自由。

哀悼亲人也是同样的。我们承受失去至爱的痛苦，同时在内心深处也回味曾经与他共度幸福岁月的甜蜜。不过，您是要和自己的身躯告别，这更困难、更痛苦、更令人不安。然而我在您身上、在您的字里行间察觉到了您的力量和清醒的头脑，我衷心希望它们会助您一臂之力。

我知道我的言语简短乏力，但我希望它能滋养您身上已经具备的信念和力量。

我牵挂着您、为您祈祷并爱着您。

我全心地拥抱您。

克里斯托夫·安德烈

致一位哀悼中的女读者的信

她无法下定决心处理亡夫的遗物并向我咨询。

亲爱的女士，

感谢您的来信和对我的信任。

您问我的关于是否应该保存逝者遗物的问题，是人类心理学中的一个相当经典的问题。我们每个人都会在人生中遇到它。

我母亲最近去世了，我遇上了同样的情况。我认为对此放之四海而皆准的"正确"态度是不存在的。一切取决于个人性格及本人和逝者的关系，有时，甚至仅仅和家里的空间有关。

不过说毫无标准有点太过轻率，我将告诉您我的想法。这既非普遍的真理，也不是专家的定见。在这方面真理般的箴言并不存在！然而，我还是发现大部分人经常会找到折中办法：将一部分有限的物品留下来、展示出来，或者收在某种"回忆收藏盒"内。这些物品均是与逝者有关的美好回忆。

我也见过有些逝者的亲人在家中某个角落设立一个小小的纪念台来放置照片和纪念物品。他们时不时前来凭吊，追忆和逝者共度的快乐时光，并对此表示感谢。

最后一个方案是通过追思而非积累大量物品来怀念逝者。这对我来说是最有效的办法。

最好的方案是您的直觉最倾向的那个，它应该能稍微平息您的悲伤，也就是说能带给您慰藉。请聆听您的心声，它可能会指点您。

我时刻挂念着您。

请多珍重。

祝安好

克里斯托夫·安德烈

发给一位刚刚失去孩子的年轻朋友的手机短信

　　我是通过一位熟人获悉这条噩耗的。我猜想她当时应该万念俱灰，但我也知道她并不孤单。此时此刻，应该用怎样的文字来安慰她？我担心文不对题，会打扰或伤害她，但我又想稍作表示。于是，我采用了手机短信的方式，仅有只言片语，关键是不要显得唐突并打扰了她的悲伤。我俩彼此欣赏但并非密友，因此，我不想堆砌辞藻令她厌烦，一切从简，直击主题。

　　我牵挂着你，紧紧地拥抱你。

　　既无前言（她知道了一切），也无后语（能有什么作用呢）。我在心里琢磨这是否会微微鼓舞她，还是会增添她的痛苦。当她回复道谢时，我松了口气，感到十分欣慰。我为她而不是为我自己欣慰，因为她的答复看来似乎还带着生机和活力……

笨拙的方式和简单的规则

"我总是对哀悼者说，无论他们失去了谁，他们都得在痛苦之外准备经历一种奇怪的现象：安慰者空洞的语言和笨拙的方式。"[54] 犹太教女拉比戴尔芬·奥维勒尔这句中肯而老到的评价说明，对安慰者来说，找到合适的语句很难，而对被安慰者来说，听到不合适的安慰话语更难。

无论如何都要安慰

有位来访者得了一种慢性退化性疾病。尽管接受了治疗，他的疾病依旧悄无声息且不可逆转地逐年恶化。如果他任凭自己沉浸在忧虑的前景中，他将无法忍受，因为他清楚地看到，这个前景就是死亡。虽然大家都难免一死，但他的死亡比他的同龄人、亲友、同事和朋友都要早得多。而且，在此之前，他可能会经历被他称为"江河日下"的痛苦及无法自理的阶段。每次他这么说并用这个词时，我都会斥责他。这引他发笑，因为他知道我从来不骂来访者，而且他很欣赏我们争执背后的默契。

他的焦虑和对死亡逼近的确信是相当可怕的。我们对此反复讨论过，但对他来说，仅和我讨论并不够，他时不时地想和别人分享。然而，让他不耐烦的是，他总能预测到对方说的话。对方会对他说："不会的，病情未必就会这样发展，未必像你担心的那么快。看看你现在多么健康，试着不要成天纠缠这个问题……"

这类言论通常令他反感。但偶尔他也会感到悲哀而脆弱，这时他就孩子气地想要听到这类安慰话。

因为这些话充满了爱意。即使他不相信，即使这些话逻辑不通、漏洞百出，还透露了对他病情的无知，但他还是感到这些话会让他舒服一些。这些话只有真正关心他的人发自内心地、真诚地说出来，才有安慰的效果。他能分辨出哪些是真情实意的安慰话，哪些是肤浅而形式化的安慰话。说出后一类安慰话语的人其实更焦虑，因为他们对被安慰者的遭遇感到不安，他们匆忙安慰了事，似乎想借此摆脱他们的忧虑，急于从中脱身。而我的这位朋友不愿意接受仅仅出自礼貌的安慰话，哪怕对方相当友善。他希望这些话出自真正的关怀，因为他清楚自己将要死去，将比别人更早地走下生命这列火车。安慰之言能在人脆弱的时刻给人以不容忽视的温暖，如同一块小小的防滑垫，小，却能阻止他人滑入令人恐惧和眩晕的绝望。必须指出，这份绝望总是吸引并召唤着那些身患重病、自知不治的人。

有时候，虚假的、形式上的和表面化的安慰如同为了摆脱某个问题而履行的手续，这往往比痛苦本身更糟糕。本书在此不会谈及这点，只是简单地说说那些不擅长或无法安慰他人的人。哲学家安德烈·孔特－斯蓬维尔在他的一本书中袒露心声："我从来就不会安慰人。和我一起生活过的女人有时为此责备我，而我能理解她们的想法。如果痛苦不能因此减少一些，住在一起有何意义呢？"[55]

一般来说，一些安慰者之所以蹩脚，不是因为他们对他人的痛苦无动于衷，而是因为他们被自己一贯压抑和克制的情绪绊住了手脚。安慰的艺术正是共情的艺术，我们必须让自己和对方产生情绪上的共鸣。就我来说，我也曾长期在面对亲友的诉苦时裹足不前，因为我如果感到自己无法为他们提供具体的帮助，就会紧张慌乱、拘谨不安。所爱的人因为我们无法解决的问题而痛苦，我们又能做些什么呢？他们的痛苦让我手足无措，自己的无能让我止步不前，而未来的变化令我焦虑。然而，作为医生，我和来访者间的距离赋予我某种洞察力和精力，能够允许我使用这种共情力。

我做了不少努力，终于明白并学会应用以下这套简单规则。

- 无须为逆境中的亲友或同事寻找解决之道，因为有时就是没有可行的办法，我们只能全心考虑如何安慰他们。

· 最开始要聆听对方，满足于帮助对方清楚理解他的遭遇，让他表达情绪和忧虑。可能的话，问他一些简单问题，比如"我们谈这个的时候，你感觉如何，你有什么想法"，不要去纠正或修改他的话。

· 言辞清楚地表达关心，然后有分寸地表达你对生活和将来的信心。

· 不要上纲上线，不要谈论别人或你自己，而是集中谈论你面前的这个人和他此时此刻的痛苦。

· 记住，一切安慰都有延迟效应，即使当时似乎全无效果，安慰也在悄悄地起作用，最后总会带来抚慰的效果。

· 强调你无论如何都会提供帮助。这样，你就做了一切你能做的和应该做的，剩下的就不在你的掌控之中了。

可能因为我自己曾是一个蹩脚而笨拙的安慰者，所以我对试图予以安慰却笨手笨脚的人总有高度的容忍力，几乎可以说是某种温情……

对笨拙安慰举止的温情提示

一位朋友去做肝脏的核磁共振。例行扫描检查时，医生在他的肝脏部位发现了一块可疑的阴影，而他几年前曾患癌症。他是在一个周五的傍晚去做检查的，当时，核磁共振仪的操作员交给他存有影像的光盘并通知他医学报告下周才能拿到。在他离开时，操作员随口说了一句："打起精神，再见！"这句"打起精神"自然令我的朋友惴惴不安："他是不是在屏幕上看到了不好的影像才说的这句话？因为他仅是操作员，就算很有经验，也无权告诉我情况好坏。但他脱口而出的'打起精神'这句话，根本不像是好兆头……"我的朋友在回家路上反复考虑这件事，并将其告诉了他的妻子。他的妻子也担心起来，而且很生气，对操作员的笨拙行为感到不快。结果一切太平，肝脏的影像是良性的，和他的癌症毫无瓜葛。当他和我谈起此事时，我承认操作员存在一个心理学范畴的失误，在无心和无知的情况下引起了我朋友深深的焦虑。我向他解释说，如果医护人员在和患者分别时感到对方有些担心（我朋友正是担心要等数日才有检查结果），经常会说这句话。而且，换个角度来看，我能理解这位操作员的做法。归根结底，我更愿意生活在一个尽管方式差强人意，但是还有人尽力去安慰他人的世界里，而非一个"不染俗尘"的世界。

安慰艺术的天才

一旦开始安慰就显得笨手笨脚的大有人在，然而，精通安慰之道的人士也不在少数，其中多有女性。在我拜读过的此类模范信札中，就有乔治·桑的信函。[56]

乔治·桑

在以下致友人福楼拜的信中，她展现了炉火纯青的安慰艺术的所有元素：对朋友痛苦的同情，对其遭遇的理解、亲密的建议和善意的责备，以及对她的建议能否被采纳的清醒意识等。乔治·桑是一位令人钦佩和宽宏大量的女性，不要忘记，她在给福楼拜写信时已经身患重病，并且在两年后就去世了。

该信写于 1874 年 12 月 8 日的诺昂。

不幸的亲爱的朋友，

你越不幸，我就越爱你。你如何折磨自己，又如何让生活折

磨你！因为你所抱怨的一切，就是生活本身。生活对任何人、在任何时候都是残酷的。大家多少都能感受到这一点，多少都能理解这一点，所以多少都会感到痛苦。而且，人越是超越他所处的时代，就越会感到痛苦。我们像阴霾天空下的影子，阳光几乎已无法穿透这片天空。我们不停地呼喊太阳，而它完全无所谓，应该由我们来扫除自己的阴霾。

你太热爱文学，它可能会毁了你，可是你却摧毁不了人的愚蠢行为。我并不讨厌这些蠢兮兮的行为，而是用一种母性的眼光来看待它们。因为这就像无知的童年，然而童年是神圣的。可是你如此恨它们，还对它们宣战！

你太博学，太聪明，忘记了在艺术之外还有其他东西。要知道，艺术顶峰的智慧从来不只有一种表达方式，它包容了一切：美、真、善、激情。它引导我们去看到那些超越我们本身的东西，让我们在沉思和仰慕中逐渐吸收它。

然而，我甚至没能让你明白我是如何看待和把握幸福的。无论怎样，我们都得接纳生命。有个人也许能改变和拯救你，那就是雨果，因为他既有伟大哲学家的一面，也有你所需要而我做不到的伟大艺术家的一面。你应该常去见见他。我认为他能使你平息下来，而我身上不再有足够的暴风雨似的激情，让你能理解我。至于他，我相信他依旧持有他的万钧雷霆①，而且，他在衰老过程中也荣获了一份温和与宽容。

你应该经常去见见他并和他述说你的痛苦。我清楚地看到，你的痛苦很深而且因过于频繁而沦为消沉。你对死者的思虑过多，你过于相信他们已经安息，而他们根本没有安息。和我们一样，他们也在寻找，努力地寻找。

我一切都好并拥抱你。我已病入膏育，但我希望自己无论能否康复，都还能走动，以养育我的孙女们，以及在一息尚存之时继续爱你。

乔治·桑对这位比她年幼、名声响亮却思想固执的朋友能否接受她的安慰之言并思索自己的世界观，完全不抱幻想，但她仍尽量鼓舞他，也许她指望安慰之言能潜移默化地发挥作用。此外，福楼拜在他生命末期承认自己嘲笑幸福和善良的情感是错误的，不该牺牲个人生活来进行文学创作（当然，他成全了广大读者的幸福）。

---

① "雷霆"一词的法语的阳性形式指一种神的威力（例如罗马神话中的天神朱庇特），由几道象征性的闪电集合成束，尾部呈箭形。

弗朗索瓦·德·马莱伯

马莱伯也是著名而才华横溢的安慰者。他于 1599 年写给痛失爱女的朋友杜佩里埃一首著名诗篇——《安慰》①。

昔日，所有法国初中学生都熟知这首长诗和它的观点 [57]：我们都是凡人，衰老并非一种幸运，我本人也失去了两个孩子，等等。在此，我带您重读马莱伯的这首杰作，至少是其中的几段。

马莱伯指出，他朋友持续的悲哀状况是危险的。

杜佩里埃，

你的痛苦，将延绵不绝。

父爱让你铭记的悲伤，

使你的痛苦永无止境？

凡人皆有一死的不幸，

将你的女儿带入墓冢，

让你在丧失理智的迷宫，

不可自拔？

他也承认朋友的痛楚是理所应当的。

---

① 也译为《赠杜佩里埃先生丧女安慰诗》《劝慰杜佩里埃先生》。——编者注

> 我清楚她是一个充满魅力的孩子，
>
> 因此我没有贸然地去否定她，
>
> 以此来减轻你的痛苦，怨天尤人的朋友，
>
> 可是，在她所处的世界里，最美好的事物有最悲惨的命运，
>
> 她恰似玫瑰只绽放一个清晨。
>
> ……
>
> 即使坟墓隔绝了自然汇聚的一切，
>
> 对此毫不动容的人，也有野蛮人的灵魂，
>
> 或者完全没有灵魂。

不过，他强调对逝者的爱不应当伤害到自身。

> 但是，无法安慰并沉迷于对她的怀念，
>
> 在痛苦中封闭，
>
> 难道不是通过自我憎恨来获得深爱他人的荣耀吗？

他解释说，自己也曾经遭遇同样的哀悼，最终解脱了出来。

> 我曾受到两次同样的沉重打击，
>
> 我曾痛苦到寸步难行；

理智两次将我解救出来，

令我不再多做回想。

他鼓励对方放弃思想上的纠缠：

我对坟墓并非没有愤恨，它拥有了我如此珍爱的人儿，

然而，无常之事无药可治，

没有必要去苦苦追寻。

他强调谁也逃不过世事无常，并建议去接受它。

死亡具有独一无二的严厉，

人们空自祈求，

残酷的它塞住双耳，

任由我们大声呼喊。

住在茅草屋里的穷人，

遵守它（死亡）的律法，

即使是警戒卢浮宫关卡的卫兵，

也完全不能守护我们的国王。

喃喃自语般地反对它并失去耐心，

> 这是毫无道理可言的：
>
> 顺应天意方得安宁。

在马莱伯同时代的人眼中，他是一个严厉、苛刻的人。今人读到他的诗句，也许会认为，这类言论在理论上无懈可击，但对身处不幸的人来说，是不可能或根本无效的。然而，马莱伯的意图不是给予人们情感上的安慰，而是根据古代斯多葛学派的安慰理论，强调一种面对无法避免的人生磨难的生活哲学。毫无疑问，从这类言论中获益的是那些没有或尚未处于哀悼中的人。这类安慰如同为了不生病而被医生建议打的疫苗，作为一剂预防针，其效果是不错的，但它不是在悲痛席卷一切时的良药。

普鲁塔克

不过，我们在了解古代作家对痛苦的感受上必须保持谨慎态度。当然，他们总是以一种提倡节制和尊严的冠冕堂皇的态度来为其安慰之言开场。例如，古罗马帝国时期的希腊哲学家普鲁塔克在远离罗马之地旅行期间，获知女儿去世[57]之后，写给他妻子的著名信函。

我亲爱的妻子，我只要求一件事，就是我们俩在痛苦中依旧保持波澜不惊。对我来说，我清楚也能衡量我们的损失多么巨大。不过，如果我发现你过度沉迷于痛苦，我会产生比我们已经遭受的不幸更深的痛苦。

不过渐渐可以发现，普鲁塔克也真情流露了。

不过，我也并非木石之人，你很清楚这一点，因为你和我一起承担了这么多孩子的教育，我们一起在家抚养他们。我也知道，我们曾经多么欣喜，因为对你来说，在生了四个儿子之后，你渴望有个女儿；而我，很高兴有机会给她起了你的名字。此外，我们对年幼孩子的疼爱中还有一种相当特别的魅力，因为他们带给我们的快乐是如此纯净，不会引起我们任何的怒气和责备！

而此时他对女儿的描述变得细致动人。

大自然给了我们的女儿一种非凡的乖巧和温柔。她回应我们的爱抚和急于讨人喜欢的方式令我们陶醉，同时也向我们透露了她性格善良。因此，她似乎慷慨地在她私人餐桌上邀请了令她开心的一切，不单是其他孩子，还有她喜欢的个人物品和玩具，想向它们展示她拥有的好东西，并请它们一起分享她拥有的最令人愉快的东西。

接着，斯多葛学派的"教义"又占了上风。

亲爱的妻子，我不明白为何她生前令我们着迷的性格和其他

的一切，在充满回忆的现在会引起痛楚和困惑。我反而担心这份
痛苦会抹去我们的记忆……

塞利纳在其著作《茫茫黑夜漫游》一书中，描写主人公兼自
传性人物巴达缪发现了这封普鲁塔克写给妻子的安慰信。巴达缪
对二人在悲伤中保持尊严的行为感到钦佩，对普鲁塔克表面的生
硬感到惊讶，最后，他发自内心地大声说："这终究是他们的事。
人们在判断别人的感情时也许总会搞错。他们真的那么伤心吗？
也许是那个时代的悲伤吧？"[59]

雷加米埃夫人和夏多布里昂

在自我安慰方面，还有一部法国文学杰作《墓畔回忆录》值
得称道。通过该书手稿可知，夏多布里昂一气呵成地完成最后几
行，未经任何修改或删除。

> 1841 年 11 月 16 日，我写下这最后的话，我的窗子开着，朝
> 西对着外国使团的花园：现在是早晨 6 点，我看见苍白的、显得很
> 大的月亮；它正俯身向着荣军院的尖顶，那尖顶在东方初现的金
> 色阳光中隐约可见。仿佛旧世界正在结束，新世界正在开始。我
> 看得见晨曦的反光，然而我看不见太阳升起了。我还能做的只是
> 在我的墓坑旁坐下，然后勇敢地下去，手持十字架，走向永恒。[60]

夏多布里昂完成这部作品七年后才离开人世，但写作时他知道生命已到了尾声，并和所有人一样对死亡的逼近感到悲伤和忧虑。因此，他的自我安慰的方式是以一种戏剧性的、华丽的"古典风格式"退场来结束他的这部杰作（并根据他的心愿在他死后才发表）。

晚年时，夏多布里昂在周游世界之后瘫痪不起。雨果在《见闻录》中记述，夏多布里昂每天让人把他抬到双目失明的雷加米埃夫人身边，两个人也许通过对昔日美好的追忆互相慰藉。我们还是让见证了这些时刻的雨果来描述吧。

> 1847 年年初，夏多布里昂先生瘫痪了，雷加米埃夫人也双目失明。每天下午三点，夏多布里昂先生被抬到雷加米埃夫人床边……瞎了眼的夫人寻觅着瘫了的先生，他们的手握在一起，他们濒临死亡仍相爱至深。[61]

这发生在童年时期

　　这发生在童年时期，但我们的身体和面庞都是成年人的。我觉得似乎身处图卢兹的一所幼儿园里，对这个地方还有些模糊的记忆。我们数人蜷缩在一个壁橱里，尽量完全保持静止，就像在玩捉迷藏或盲人摸象的游戏，害怕被人发现而屏息静气。只不过这次情形很严重，因为是死神正在寻觅我们。壁橱变得巨大，死神进来了，虽然肉眼看不见，但大家都知道它的存在。它摸索着，手从我身边掠过，突然在稍远处找到了一个人，悄无声息地将他掠去。其他人哭了起来，我试着安抚他们，因为我可怜他们，也担心死神会听见并转身回来。可是，他们推开我继续哭泣。我寻思怎么才能安抚他们，因为我希望他们停下来。为什么他们拒绝我的安慰？为什么他们想继续哭泣和发抖？我见到他们拒绝我的抚慰，既惊讶又生气，然后就醒了过来。同时我也无法理解他们，他们执意哼哼唧唧，会把所有人推进危险的境地……

　　（在我为筹备本书就各人安慰经历询问亲友时，一位女性朋友告诉我的）

她关于死亡的梦境

第五章

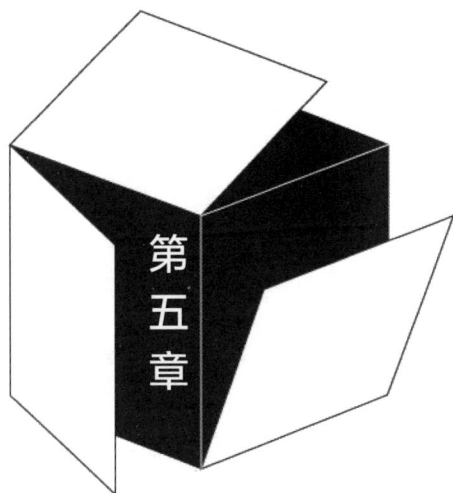

接受并接纳安慰

我们在一生中会多次得到安慰，否则我们可能已不在人世或早已伤痕累累。如果您觉得自己从未被安慰，请再仔细想想！

的确，安慰没有侵害那么激烈，也不似遗弃那么难忘，因此不太容易被回忆起来。然而，我们应当能够想起每次我们得到安慰、援助、鼓舞时，它们比我们想象的要多；我们应当能够想起每次他人的话语、空中的云彩或给予我们无穷力量的灵感，它们使我们的悲伤稍减。回想我们得到的安慰能够增强我们对生命、自己、人类的信心。

可是，我们更容易对个人的悲伤和痛苦的孤独念念不忘。抱怨总是比感恩容易，这真令人遗憾……

接受安慰

安慰是一种赠予

受人恩惠并不容易。克里斯蒂安·博班高明地解释说："显然，我拥有的一切都是别人给的……那么，为什么我时不时感到一丝阴霾、一份沉重、一股忧郁？这是因为我缺乏接受的天赋。"[62] 这个接受的天赋表现为，被安慰者自然地觉得不比安慰者低一等或对其有所亏欠。

人类学家认为，人类社会内部的交换经常建立在对等原则之上：赠予要以回报来交换[63]。别人给我的任何东西，我都应以某种形式偿还。可是，当人陷于悲伤之中时，经常无力回报，哪怕是一句感谢或为了满足安慰者而做的一份努力。有时，痛苦夺去了我们和他人说话的欲望或能力，然而对话是一种具有抚慰性质的交流。任何交流都意味着一种敞开的态度："要想被安慰，就得让别人靠近，即使充满悲哀，也要敞开心怀。"

安慰如同一种移植

拒绝的风险总是存在的。如果我们经过考虑决定接受安慰,那就是同意接纳一个与当下的不幸性质完全相反的新元素——安慰,也就是,同意在痛不欲生时继续活下去,同意在只想蜷缩一隅时采取行动,同意满心绝望时保持信心。因此,安慰的行为可能会打扰已在内心安家的痛苦感受。大家或许都还记得试图安慰亲友时,他们却打起精神推开我们,说我们的理由对他们不适用。我们前来安慰,却被拒之门外……

拒绝安慰

在过去很长一段时间里,我都拒绝安慰。我记得祖父去世时,我走到墓地的一条小径上哭泣,并拒绝了一位自小就认识的试图抚慰我的邻居,还躲到了更远的地方。这个对安慰的拒绝中有多重原因:不愿被人看见我的悲伤(我家从来不鼓励流泪或抱怨),不愿和人分享自己的情绪(相反地,家里的习惯是抑制或隐藏情绪),还有由此产生的担心。我害怕如果接受了安慰,自己就会失声大哭,因为让人安慰就是顺其自然,而顺其自然就是"制造危险"。我是在否定负面情绪和拒绝接受安慰的环境下长大的。接受安慰的能力也许是我想通过成为精神科医生去发展的一项技能——结果还是不错的。如今,我能更好地接受安慰,可以在亲友面前含泪而不会过于紧张或惴惴不安；我能谈论自己的弱点（本书就是证明），虽然我始终不喜欢在冲动下或悲痛中直接展示我的弱点。这是一个生在我这个年代并且在时刻控制情绪的观念下长大的成年人的心路历程。好消息是，我觉得新一代在这方面的态度更明朗，他们能接受自己的弱点和别人的慰藉，这使他们更加强大。

安慰有时如同我们塞给哀悼者的多余食物

然而，他们可能并不想要安慰。处于不幸中的人有时会令周边的人为之担心并觉得他们必须得到他人想给予的全部关爱。在不幸中，当事人不仅应当（正如上文毕达哥拉斯言所说）"勿食心"，而且还必须接受他人表达的心意。

遭遇越悲惨和严重，我们越有可能收到泛滥成灾的安慰，因为谁都想来鼓励我们，给我们打气。到了一定程度，我们会不堪重负，只有一个想法，就是获得安宁，逃避安慰，躲到他人不了解也不在乎自己所受痛苦的地方。

安慰和进食遵循同样的程序：先要接受它并吃下去，消化和吸收，然后将其转化成维持生命的养分。和食物一样，人的身体可接受的安慰的分量也是有限的。这也是安慰方式必须克制、朴素、简单的另一个原因。在哀悼者必须忍受无休无止的安慰行为时，一句话、一个微笑、一个动作就足够而且不会令人感到拘束。

接纳安慰的方式同依恋类型有关

依恋心理学指出，通过人们从小习得的对父母或担当父母角色的人的依恋以及日后和他们分离的方式，我们能很好地预见他们成年后对人际关系和困难处境的态度。儿童通常存在三种依恋表现。

- 安全型依恋。儿童知道他的依恋对象可靠而且很爱他，他能完全信任对方并毫无畏惧地探索周边环境，因为出现问题时，他会得到支持。他感到，既然面对困难他能得到帮助，就没有必要对此过分害怕。
- 焦虑型依恋。儿童信任他的依恋对象，但担心会失去对方。因此，他在探索周边环境时小心翼翼，不会过分远离自己的"安全基地"。他害怕困境，认为如果没有周边人持续的帮助，他就无法应对。
- 回避型依恋。儿童对其依恋对象毫无信心，也不信任任何人。他害怕探索周边环境。当他身处困境时，他认为无人可以帮助自己。

基于此，根据各自依恋类型不同，人们在成年后对给予或接受安慰的态度也十分迥异。

- 安全型依恋的成年人认为，在困难时刻，彼此间的纽带可以帮助并鼓舞自己或他人。他们会主动安慰他人，而且话语动人，发自肺腑，他们接受也愿意得到安慰。这是安慰的合适型人群。

- 焦虑型依恋的成年人非常需要安慰（几乎是过分需要了），并且经常向身边的人索取安慰（经常过分索取），从不觉得满足。面对他人的痛苦，他们倾向于担忧和过度安慰，总觉得亲友伤痕累累。这是安慰的饥渴型人群。

- 回避型依恋的成年人难以接受任何形式的安慰，而且难以公开表达或表现他们的接受。即便他们私下里受到触动，但安慰对他们来说，仍然是种过分具有侵犯性的交流行为。他们同样难以安慰他人，即便对方是他们所爱的亲友。这既因为他们不擅于此，也因为他们认为安慰使他们对将来做出太多的承诺和约束，似乎一朝安慰人，就要终生安慰人。他们是安慰的障碍型人群（不过这是可以纠正的）。

接受安慰是种善待自我的行为

善待自我就是对自己友好一些。善待自我并非纵容自己，善
待自我不排除自我批评和反省，但要以温和及建设性的方式进
行。它的目的不是伤害，而是改进，如同我们批评朋友不是为了
打击他，而是帮助他思考。

有些人不太容易获得这项技能，因为他们总是和生活中的各
种艰辛作战，总和自己的各种弱点作战，所以他们认为仁慈是软
弱的根源，而软弱是致命的。他们一贯否定痛苦和脆弱，其座右
铭是必须"抖擞精神"而非听之任之。他们认为，安慰的需要属
于弱者。

职业过劳和马拉松

我感觉她要哭了，不到 1 分钟，她就会哭出来。我看得很清
楚并瞄了一眼办公桌，确认纸巾盒就在桌角上。这是位令人同情
的女士：她满脸微笑地来就诊，尽力用一种轻松而漫不经心的口
气来谈论她的问题，但她的痛苦仍跃入我的眼帘。我想跟她说不
必客套（比如说"我不该拿我的烦恼事来打扰您"），她应该放弃
她一直以来的伪装和自控。但我也很清楚，更好的做法是，让她
随着这个自控并否定自己痛苦的逻辑走到死胡同里，一旦她开始
哭泣，交谈就会更有效了。这是很奇怪的一点：即使来咨询精神

病科医生，人们还是会继续伪装，继续努力抑制自己痛苦。如果说有个地方可以让人放下全副戒备，那就是精神病科医生的诊室。

终于，她停止了发言，因为哽咽而难以呼吸。她双眼噙满泪水，嘴唇颤抖，开始哭泣。她的第一反应是窘迫并开始道歉。我和蔼地回答，当人开始谈论痛苦的事情，特别是那些通常讳而不言之事时，流泪是很正常的。我还让她擤鼻子，我也特别为她难过，很想用拥抱来安慰她，可是对专业人员来说，这未必是正确的做法。于是我只能保持体贴的态度，对她微笑，让她逐步平静下来。

她告诉我，她去年过于投入工作并且极端疏于自理，最终抑郁症发作了。多年以来，她一直是个工作狂，为个人能力和成就而沾沾自喜，完全忽视了工作与生活的平衡。然后，一切轰然崩塌，形势急转直下，她职业过劳并引发了抑郁症。如今，通过服用抗抑郁的药物，她的情况有所好转，但她想知道一些练习能否阻止病症复发。这当然有用，但同时她也要更加善待自己。

在她忍不住哭起来之前，她跟我解释说，为了在患上过劳症后"重新振作"，她开始长跑，并积极练习马拉松。我表示惊讶，在工作压力之后，她又给自己增加了马拉松长跑的压力？这是个好主意吗？难道，她不该考虑一些更有修复性的活动吗，比如休憩、放松、无所事事？与其去想"重新振作"，她不该去考虑休整、复原或放松吗?

然而,她却不是这样考虑的。一直以来,她总是给自己加码。当她难受时,她会低下头,更加努力;当她承受不住时,她就会自责、内疚、深感挫败;可稍有好转,她又重蹈覆辙。看来,她的治疗过程远未结束[64]。善待自己如同善待他人,会令我们接受自己的痛苦,将它视作人性的一种表现而非一种失败。每个人都会受苦,或公开或隐秘,而我们给他人的、给自己的或从他人那里收到的这份善意,就是在伤口上涂的药膏。它不能改变现实情况,但能促进情感创伤的愈合,让人重拾生活勇气。总之,善待自己本身就是一种安慰,使我们在需要时更容易接受他人的安慰。

接受安慰是一种谦卑的行为

作为医生,我常常思考人们为何更容易接受治疗而非安慰。是否因为前者能立刻缓解痛苦,而后者却不能?或者,因为治疗是种短期行为,不要求我们做出承诺或积极参与,而安慰却需要我们自身的努力,至少需要我们聆听别人的话语并接受现实。还有一个原因也许令有些人更倾向于接受治疗而非接受安慰,即接受安慰等于承认自己低人一等,哪怕只是暂时低人一等。有些人认为,战败者才需要安慰,而战胜者如果受伤只需要治疗。

接受他人的安慰是承认自己处于弱势并需要帮助。接受安慰可能需要我们的态度谦卑一点，因此，自恋型人格的人不喜欢通常也不会要求别人来安慰他们。有些人期待的不是安慰，而是对他们的注意和欣赏。他们希望自己独一无二，他们有时会担心接受别人的安慰会使他们变得平庸、寻常、平淡无奇，而他们真正想的是借自身的痛苦让自己显得与众不同。

一个关于骄傲和安慰的故事

在一次家庭聚会上，有位妇人哭了起来。她的一个住得很远的儿子，性格开朗、活泼但极不靠谱，本应周末来和大家聚会的，却因为前一天晚上醉酒而错过了火车。她的堂姐妹想安慰她，跟她说她自己的儿子也常犯同样的毛病。可是，这位妇人却由悲转怒，说这一点也不能抚慰她，她对别人的烦恼嗤之以鼻。堂姐妹犯了安慰之术上的双重错误：时机不对（安慰得太早了），对自恋反应的误判（说妇人的伤心并非唯她独有）。哭泣的人也许不愿只得到安慰，她首先想获得的是别人的同情甚至欣赏。"我看着自己，就会自怜自泣，我和别人比较，就会感到一些安慰"这句格言对她这种情况就行不通。

有些人事实上并不想得到安慰或建议，他们只想得到别人的注意。在打算安慰他人时，我们首先不能混淆对安慰的需求和对同情的需求。受人同情会让有些人觉得自己很了不起，而被安慰却非如此。

我们经常会发现，频繁抱怨的人往往比表面上更看重自己受害人的身份，他们其实想凭借自己的不幸和坚忍而得到他人的敬重。法语中有个现已弃用的旧词，叫作"抱怨鬼"。"抱怨鬼"就是"觉得自己很惨而总想得到他人同情"的人。竟然没有一个现成词语来描述"觉得自己很惨而总想索取同情"的人，这真令人惊讶。无论如何，请注意不要去安慰"抱怨鬼"！

难以安慰之人

在这出和安慰有关的略显悲伤的"人生喜剧"中，明显存在以下几类人：饥渴型的（总是要求更多的安慰）、悲惨型的（未曾得到安慰并被遗忘）以及难以安慰型的（总是排斥安慰）。

难以安慰之人很伟大还是很古板呢

难以安慰之人不乏魅力。正如奈瓦尔那句著名的诗句："我是暗夜——鳏夫——不得慰藉的人……[65]"，我们不得不承认难以安慰之人身上散发着一种悲剧性的美和庄严，至少远观如此。

可是，近观又如何呢？他们身上有种致命的东西，类似于某种极端态度，可以被称为不知变通的盲目。这是因为，接受安慰往往被认为是种降格的行为，仿佛是不太体面地屈服于悲伤和哀悼。在某些难以安慰的人看来，安慰是种向现实妥协的行为，是一项和生活的不公平及不完美做的交易，因此他们排斥安慰。

哀悼中的母亲无法被安慰的破碎之心

难以安慰的程度当然取决于不幸的严重程度，为此，哀悼者尽管收到不少安慰，但心中几乎总有一块无法被安慰的痛处。在经历巨大的悲伤、事故或无法弥补的损失后，他们认为生活不会再恢复如前，这份创伤在不少哀悼者的心中历久弥新。最重大的创伤自然是丧子之痛。在人类历史长河中，关于哀悼中的父母拒绝任何安慰的故事比比皆是。不过出现最频繁的却是母亲，她们身上的伤痕似乎永远不会愈合。

罗拉·阿德勒失去了年仅 1 岁的儿子，她娓娓道来："谁也安慰不了我，但这并非由我决定……起初，我希望时间会'抚平一切'，就像所有人试图让你明白的那样，……事实上，随着时间流逝，我越来越难被安慰。"她细致入微地描述了这份深藏的悲伤多么根深蒂固，生活中诸如救护车的警笛声之类的细节足以唤醒它，有时，它索性毫无缘故地到来。"在某个时刻，我会突然被压抑不住的哽咽侵袭。它从下腹部升到嗓子眼，无法控制，有时是如此强烈，令我无法呼吸……每年我都会遇到几次这种状况，它总是发生在我孤独静处的时候。其他时间，我的悲哀无迹可寻。"[66]

另一位哀悼中的母亲安娜 - 杜芬娜·朱利安则这样描述她难以安慰的状态："劫难之后，不是在悲伤消失后继续生活，而是带着悲伤继续生活……"[67]

难以安慰的状态可能没有不寻常或明显的外在迹象,只是一种有时无法描述的、长期潜伏心底的悲哀。某日,我读到哲学家伊丽莎白·德·丰特奈在回忆她死于奥斯威辛集中营的五位家庭成员时,补充说道:"我从未从中恢复过来,而且越来越无法恢复。"[68]可见,我们会对世上昔日或现在的残酷在内心隐秘地感到难以安慰……

绝望地拒绝安慰

难以安慰的状态也可能源于人们竭力地想继续痛苦下去,或是出于对死者的忠诚(对哀悼者来说),或是由于某种清醒的意识(对某些性格消沉而浪漫的人来说)。比如,瑞典作家斯蒂格·达格曼就此主题为后世留下了一篇名作,如同一颗短小、阴郁、绝望甚至"带有毒性的"的宝石,"我们对安慰的需求是无法满足的"。[69]

他的这种长期悲哀和抑郁倾向的根源,可能是幼年被母亲遗弃的经历。尽管他随后经由父亲和祖父母抚养成人,自己建立家庭并成为作家获得了成功,但他的一生总是被这种自我毁灭的倾向、深刻的悲哀和对任何形式的安慰坚决地排斥所困扰。

达格曼似乎觉得一切安慰都是一种妥协,几乎是一种卑劣行为："至于我，我逐猎安慰，如同猎人追逐野兽。只要我在林中发现它，我就开枪。""不过，也有些安慰不请自来，在我的卧室里填满了它可憎的轻声细语。"

他真正理想的安慰是自由："对我来说，只有一种真实的安慰，那就是我是一个自由人、一个不可侵犯的个体、在其能力范围内自主的人。"然而，这是一种理论上的自由，是一种无法达到的自由，因为它完美、绝对和孤独。达格曼饱受抑郁症折磨，也可能因其坚决排斥各种抚慰而变得孤立而脆弱，他在 31 岁时自杀身亡。

有些人似乎醉心于某种虚无主义的逻辑，希望自己的伤口不愈合："存在总有缺陷，只有虚无是完美的。"[70]同理，有人就有缺陷，只有无人才是完美的。因此，这些人大声疾呼"永远无人可以安慰我"，而这是一种骄傲和绝望交织的言论。哲学家萧沆①给他朋友利恰努这样写道："一位重度失眠者会产生一种飘飘然的非凡感觉，好像他不再归属于普通人。"[71]这也许是他对困扰他的可怕失眠症进行自我安慰的一种方式？不管怎样，我们不要对这类态度妄下定论，因为每个人都尽自己所能了。我们只是要避免重蹈覆辙或迷失自己，因为让心灵变得僵硬总归是一个错误。正因为此，我很喜欢罗曼·加里的这句话："只有在人失去心灵时，虚无才会进驻心中。"[72]让我们始终保持一颗温柔的心灵吧！

---

① 也译为齐奥明。——编者注

安慰就是爱

"这是一个小女孩说的话。她的玩具只是一个又脏又破的旧娃娃。有人对她说'你的娃娃真丑'！她拿起娃娃，百般爱抚，然后递给对方并回答'现在她很漂亮了'！"这段由蒂蓬叙述的小故事[73]向我们描述了一个因女孩的爱而被完全改观的布娃娃。那么，成年人的悲伤是否也能因他人的爱而被改变呢？

据称，特雷莎修女曾说："我们不能成就大事，只能做些小事，但这是些怀着巨大的爱来做的小事。"[74]这句话恰如其分地描述了安慰。一方面，安慰者清楚自己的界限所在，情况不会因他们有具体的改变，也不会收到任何回报；而另一方面，被安慰者在此刻是如此无助，他们无法回报或只能给予些许回报。不过，在这些近乎没有的小事上，安慰总能留下它的痕迹并一直存在。

是爱成就或毁灭人类，是人们收到或缺少的、要求或给予的爱，是有或没有爱，是爱得不够或爱得过头。最终，每段人生大致都可以这样理解。

人们经常错误地寻求浪漫的爱，如同女作家卡特琳娜·波奇所写并得到法国诗人保罗·瓦勒里赏识的祈愿："给我爱或者让我死去。"[75]激情之爱有时带来灵感，但更多的时候会造成困扰或不幸。能实实在在安慰人的更多的是日常低调的爱，是一种不装模作样、不自命不凡的爱。

积极心理学领域的研究者芭芭拉·弗雷德里克森认为[76]爱是不可或缺、益处良多的"崇高感情"，但她谈论的是一种比传统爱情更宽广、更深刻、更普遍的感情。这个爱具有繁多的表达形式（从激情到温存），牵涉所有人，它不是占有而是奉献，是希望他人过得和我们一样好或更好。

因此，安慰人的爱有无数面孔：亲人挚爱的话语、同事的支持、邻居的友善……这种简单而暖人的情绪并非总有固定形式、固定的表现和表达方式，它是一个临时发生的现象，在人的一生中可以无数次被激活和重现。这种爱的概念比传统观念更为广阔和开放，也更灵活善变。两人间持续的爱情不是别的，正是这些温情时刻的常温常新。激情不会持久，爱情也不会比其他感情更持久，而重复的相爱时刻却能滋养关系，令其更加丰富、牢固，令人如鱼得水、如沐春风。

从这个意义上来看，安慰可算是种至美的爱的行为。人们没有远离痛苦之人，而是靠近他，并且是充满温情地靠近他。这和共情不太一样，同情融合了共情和爱心。如果"爱"这个字令您感到不自在，我们也可以用"温情"一词，"温情"也是一个非常美好的词语！

爱滋养了安慰行为中的双方：安慰者和被安慰者。对前者来说，爱给予他力量来行善，而不是空自叹息或等待安慰见效或期望得到回应，甚至在安慰无效的情况下，他也能接受对方的反击和责备；对后者来说，爱给予他力量来接受建议，而非抗拒它们；使他同意暂时搁置关于痛苦的各种顽固想法，比如"是我在难受，因此我最清楚什么对我有益、我需要什么以及其他人应该对我说的话、做的事情"等。

我记得在我的来访者或遇到的其他人中，存在一些总是对医嘱或建议回答"好的，不过……"的人，他们竭力解释这是做不到的，但会在数年后最终开始遵从执行。为什么我们总是对自己这么自信，总是坚信只有自己知道什么能帮助和安慰我们？为什么痛苦总是令我们变得固执，而非变得灵活一些？如果安慰者提出的建议令我们不舒服，至少，我们不要全盘否定，而是进行过滤：滤掉建议中让人不快的那部分，保留爱的那部分！

接纳安慰是种生活态度

美国作家亨利 – 戴维·梭罗于 1860 年 1 月在其日记中记录道："我们在身体上、思想上或精神上，只接受我们准备接受的东西……我们只是听到或注意到我们已经一知半解的东西。"[77] 我们与安慰的关系，和我们的世界观有点相似。我们只是根据个人的世界观来接受安慰，每个人都未必准备好接受生活中的伤害。

站台上的女士

这是我在乘坐高铁旅行途中看到的一幕。在中途停车时，我发现数位法国国营铁路公司的职员在站台上围着一位坐轮椅的女士，他们正在使用设备帮助她上车。整个操作过程很迅速，几分钟后，这位女士上了车，并被安置在残障人士专用的座位上。我对这个设备的有效性印象深刻，也为那位女士感到高兴。这一切服务真了不起，保证了她跟正常人一样旅行。然后，我寻思她是否也觉得高兴？这些服务真的能给身患残疾的她带来慰藉吗？比方说，她会不会想"我虽不幸地身患残疾，但我有幸生活在一个外界会尽力帮助我的社会"；或者，这一切提醒了她和普通人不同，让她心里难过，她因此会想"我多么希望能够自己乘火车，而不是如此劳师动众"。悲伤和安慰之间的区别和人生的诸多时刻一样，有时只是视角的问题。一切形式的帮助都是如此：应该为得到帮助感到高兴还是因为需要这份帮助而觉得难过？在这个意义上，任何安慰都可能变为一种悲伤的理由……

我们必须努力做到身处痛苦仍能接受他人的安慰。这意味着在承受痛苦和不幸之外，我们还需要付出大量努力。我们不应变得态度生硬，不应该过分迁怒未遭遇不幸的人；要学会接受安慰而不轻易下定论；愿意相信他人，从他人提供的关爱和支持中获取力量；振作精神，但没必要强迫自己去遵循安慰者的建议；学会识别笨拙外表下的真心。

说服自己去接受他人的安慰也是件相当困难的事，这能解释我们偶尔出现自己或许没有意识到的迟疑的原因。因为，这也是承认我们可能再也不会重新获得失去的东西，必须接受另一个世界就此诞生的想法。这个世界绝非出于我们的选择，但我们从此却要活在这个世界里。

因此，接受安慰的意义超过了和不幸的斗争，是和现实、命运、人类（非常重要的法则是不要因为遭到的不幸而迁怒任何人）及生活重建一种和平相处的关系。我们需要放低姿态来接受鼓励和安慰。如果我们还始终处于一种战斗的紧张状态，或者认为自己还能改变现实并重新具有控制权，我们就无法接受安慰。话说回来，有时我们也需要保持一种战斗的状态。

　　脱离自我，放眼痛苦之外；拓宽视野，还世界以本来面貌，方能接受安慰。我们要看到世界的美丽和善良，而非只专注于它的缺陷或不幸、它的丑恶或痛苦。这种生存观、这种智慧，会通过我们看待安慰的方式体现出来。

这就是我唯一的安慰

这才是我唯一的安慰。尽管我知道抑郁症还会频繁而剧烈地发作，但是奇妙的、自由的回忆像一双翅膀，载我飞向令人眩晕的终点。这是一种超越安慰本身、比哲学思想还要广阔的慰藉，这是一种生存的理由。[78]

斯蒂格·达格曼

写于他在 1954 年自杀前的两年

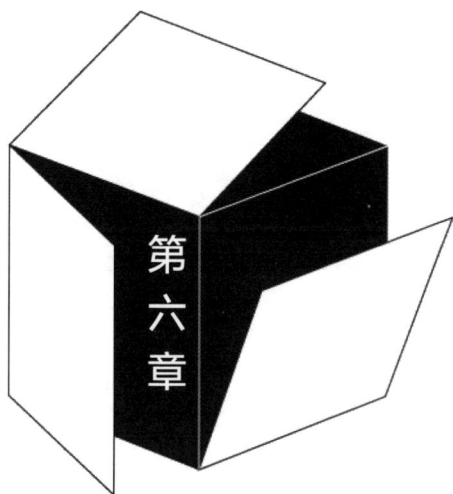

第六章

安慰之道

当我们在生命中感到迷失时，一个人、一段话、一段经历都可能将我们的灵魂对准正确的方向。虽然什么都没有解决，但我们更清楚自己应该做些什么，看清楚了接下来要走的路，我们从此向前行进。

安慰致力于让我们的灵魂走向正确的方向。我们不能强迫自己朝这个方向努力，但可以引导自己关注生命而非死亡，关注幸福而非不幸，关注内在的意义而非外在的不合理，关注和谐而非混乱。

实际上，正确的方向并非唯一的，而是无穷无尽的。安慰的源泉无所不在：大自然的威力、投入的行动、艺术的功效、安静思考的力量、关于命运或生命意义的讲述等。

安慰之道浩如烟海，只有我们自己能决定是否出发上路，谁也不能代替我们来走这条安慰之路。

自然是伟大的安慰之源

纳粹集中营的幸存者维克多·弗兰克尔在其回忆录中讲述他是如何尽量保持人性和尊严的。他说:"有的晚上,我们在整天劳作后疲惫不堪,半躺在棚屋的夯土地面上,手里还端着汤碗。一位难友突然跑进来,不顾我们的疲惫和外面的寒冷恳求我们出去,去点名场上看一次壮丽的日落,劝我们不要错过了大好机会。"[79]尽管境遇悲惨,他们仍旧得到了安慰……

事故后①的西尔万·泰松在病床上写道:"窗外的一棵树向我传递了它愉快的活力……颅骨凹陷,腹部麻痹,肺部结疤,脊椎上钉了螺丝,面目全非。"[80]尽管浑身疼痛,他仍旧得到了安慰……

---

① 母亲死后,他醉酒从 8 米高的屋顶跌落。——编者注

自保的本能和生物界带来的慰藉

只需打开书本就能发现，人们历经辛苦，而自然通常是鼓舞人心的丰富源泉。大自然提供给人的不只是一种对过度痛苦现实的逃避，更是一种根本的、深刻的智慧、一种人类自远古以来就具有的反应。

当人在身处痛苦和不幸却转向自然时，这就远非单纯的散心，而是一种安慰。这看起来像一种倒退行为，但它具有抚慰性，因为这是一种重新扎根式的回归——让人重新成为动物甚至植物，不需要语言就能存在，这样表面的痛苦就不存在了。埃蒂·伊勒桑如是写道："应当变得像生长的小麦或落下的雨水那样默默无言，仅仅存在就好。"[81] 有时，人们在离开精神世界的同时，也离开了精神痛苦的世界，只需面对存在的不幸，无须在心理上增添负担。

此外，人类对自然之爱的根源中存在一种自保本能。这是一种隐晦而深刻的感觉，仿佛我们的位置就在自然之中，我们能在其中找到滋养、扶持、修复和安慰我们的精髓。来世也许美好，一切都能重来，一切伤痕都能永远治愈，然而，今世却能安抚人心……

自然给予的种种安慰超出了一时的帮助，欣赏自然既能提供短暂的放松，也能发挥长期的效果，帮助人们应付持久的不幸。

罗莎·卢森堡就曾有如下描述。[82]

1917 年 3 月 15 日信函：

相信我，我目前在铁窗下度过的日子和其他时间一样，都不
是虚度时光。时光无论如何都是公平的……最终也许一切都会明
朗……不管怎样，我已对生活感到了深深的喜悦……

我每天都去拜访一只背上有两个小黑点的红色小瓢虫。我将
它包在一块暖和的棉绷带里，放在一段树枝上。尽管刮风而且寒
冷，一周下来，它还是成功地活着。我眺望总在变化而且总是如
此绚丽的云彩，在内心深处觉得自己并不比这只小瓢虫重要。于
是，在这种无限渺小的感觉中，我感到了难以言喻的幸福。

1917 年 7 月 20 日信函：

我对这些铺路石最感兴趣的是它们丰富的色调：红色、蓝
色、绿色、灰色。特别是在这个漫长的、久久见不到绿色的冬
天，我的眼睛充满了对色彩的渴求，就在这些石子里寻找变化和
乐趣……

我跑到窗边，像着魔一样怔住了。单调的灰色天空中，一块
巨大的云彩飘在东边，它粉红的颜色美得超乎自然，孤零零的，
格外抢眼，仿佛来自远方陌生人的微笑或问候。我深深地呼吸，

好似被解救了一样……

假如这样的颜色和形状真实存在，生命就是美好的，是值得度过的，不是吗？

如果你知道如何倾听，沙子在哨兵缓慢而沉重的脚步下嘎吱作响的声音，也会如同生命在欢唱。

各项研究不断说明，无论身体上还是精神上（两者自然是紧密相连的），自然对人类健康都具有莫大的益处。[83] 它是安抚人的，它柔和地拓宽我们对痛苦之外的注意力，让我们觉得自己属于更大的某种东西，并向我们展现了一份毫不张扬的美……简而言之，它在我们灰心丧气时也能帮助我们，缓解我们的悲伤[84]，让我们沉静下来[85] 并以平常心对待一切。

自然将人类和它的时间尺度再度联结，这个时间很漫长，但也变化不定，而不幸则将我们禁锢在一种被痛苦凝固的时间里。森林、大海、山脉、天空在人类之前就存在，在人类之后仍将存在，这让人感到绝望，但也常常令人安慰。为什么？因为我们察觉到自然未将我们排除在外（否则我们会感到难过和孤独），而是包含在内。我们属于自然，它包容我们，人类是自然的庞大家庭中的一员，它是无限放大的我们。自然拓宽我们的注意力，让我们去注视人类和人类境遇之外的东西。加缪曾经写道："我之所以会害怕死亡，是因为我要和世界分离，是因为与其去观赏天荒地老，我更注重活着的人的命运。"[86]

山峰的安抚

　　这是一个夏天的清晨。我在朋友家里，大家都还在沉睡，我走到阳台上。天色亮了起来，我独自与天空、群山和似乎还在瞌睡的宁静大湖作伴。汽车陆续驶上穿越峡谷的公路，它们遥远的喧嚣声传到了这里，隐约可辨。我的人类同胞们又不安分了……此时此地却弥漫着安宁，我呼吸着这份安宁，和它融合，在它里面化开。我不再作为一个人存在，而是一个宏大整体中安静而坚强的一小部分，我不再处于世界边缘，而是在它的中间。于是，我觉得自己不再需要任何安慰了。为何此时突然想到痛苦和需要安慰？我一无所知。也许因为这一刻脱离了时间的束缚，如此不同寻常又如此单纯，和诸多日常烦恼完全是两个极端；也许我完全沉浸在现世的绝对唯一的安慰里，那就是感受到生命的普遍和永恒。我揣摩自己是否处于某种幻觉或获得了某种觉悟，当然，我对此没有答案。于是，我对自己说，不管怎样，我在此刻的确体会到了一种能回应一切的强大感受：安宁无忧，任何安慰都是多余的。当下没有痛苦，过去的痛苦已被抹去，未来的痛苦将被排除。这些对世界进行正念思考的时刻能否强化我们生存能力并让我们更好地应对未来的不幸？此刻的我对此深信不疑。我没有感觉自己变得"强大"，因为在我精神寄托的地方，我无须变得强大，但要稳固、能干、恰到好处；虽然无须变得强大，但我在感觉上捕捉到了身边流动的一种气场并从中获得给养。这正如有人培育而有人攫取，有的环境向人索取（比如城市，或者确切地说，过度发展的城市），也有的环境馈赠人类（自然经常如此）。

动物带来的安慰

　　动物也能安慰我们。它们和自然一样，对我们的各种烦恼，至少是其中无用的一部分，淡然处之。它们毫不关心这些烦恼的内容和影响，对我们各种夸大其词和忧愁消沉的内心活动无动于衷。它们只能看到人的悲伤表现，并对此表现出对主人的关心。"我们应当赞美动物令人惊异的无辜，并感谢它们用忧虑的眼神温柔地看着我们，却从来不会审判我们。"[87]

　　不少研究证实了宠物对人的积极影响，特别是针对正在遭遇不幸的人类，或者父母正在进行离婚大战的儿童。不过，这些对逆境中的人群的研究结果不是简单化的。简单地拥有一只猫或狗不足以让人好受一些或得到抚慰，是我们和宠物长期建立的关系的质量（其中包括了关系本质和相处时间等）起到了这一效果。

　　我记得一位从事自然疗法的医生朋友（他正处于癌症晚期）告诉我，他曾经观察在他身边打瞌睡的狗狗们如何呼吸。它们陪在他们身边、爱得毫无条件、随叫随到、安静从容、既不担心也不刻意要求，这一切都极大地鼓舞了他。狗狗总是全心地爱着人类，它们无视人类的挫折、失意或创痛，哪怕对人类致命的疾病也从不在意，对人类的抱怨或坏脾气从不感到灰心，总是愿意陪伴左右，直到最后一刻。

野生动物也能带来安慰。观察鸟群或昆虫的活动令人得到安抚，正如作家路易–勒内·德·弗雷以下这段感人的文字一般。他年老体衰，生命已到尽头，他在观察庭院里的昆虫活动时，被它们的灵巧感动到落泪（可能是受到了某种慰藉）。他说："欣赏这些勇敢的小东西忙碌不停令他眼中含泪，或者是对自己被迫从此无所事事产生了一种老年人的自怜，或者是被这个缩小版的生命舞台感动，因为他认为自己是在毫无希望地活着。"[88] 即使人处于筋疲力竭的阶段，任何生命活动的景象都会令他重新感受到活力。

我们被所见的景象所吸引，体会到了生命的强大。因此，我们能从鸟群飞翔、昆虫采蜜、甲虫笨拙的行进中得到某种慰藉。

我的一位来访者曾经从观赏树木中受到鼓舞，他对我说道："一棵树不会自问自答，它生长着、存活着，造福大小动物，也包括人类。完成了使命，它便死去，有时会在别处重新生长起来。我想人类应该也是如此，即使我们对此无法控制……"

行动和娱乐

"我获悉您的失宠，贸然给您写信表达我的悲伤。我在此时写信给您，是建议您在无法享受欢乐时，至少避免闷闷不乐。如果您的身边有正义之士，与之交谈能令您从失败的事务中释怀。如果您找不到这样的人，书籍和美食也大有助益，能带来相当惬意的慰藉。"[89]

在这封于 1674 年致给遭宫廷排挤并被"流放"到奥尔良的奥洛讷伯爵的信函中，身兼骑士、文人和宫廷绅士的圣埃夫雷蒙提出了一套让今人看来有点简单化的安慰方案。我们可以理解他，因为心理学在他所处的时代并不存在，而且这套善意而友好的方案可能很切合伯爵的爱好和能力。它还有个简单明了的优点，就是促使对方投入行动、建立联系并寻找消遣。

不幸令我们裹足不前。我们经常如此，这也许是种遗传反射性动作，最初是用来对付身体痛苦的，令身体上痛苦的部分无法活动。不过精神上的痛苦也会影响人的活动，人处于悲伤中时，会出现动作放慢、身体蜷缩等表现。

不幸降临时，毫无条理的悲哀反应会最先出现，在接下来的大多数情况下，自我封闭和不作为会占据主导地位，并使人更加痛苦。而变化和行动能给人带来推动作用。

行动带来的安慰是真实的。即使人处于极度不幸的状态下（例如获悉自己健康恶化或濒临死亡，还有失去了亲人），行动往往也能将他的注意力再次转移到外部活动上。他不再任由痛苦转移对外界的注意力，或者不再自我封闭而总是关注自身和自身的痛苦。

在巨大的悲伤之下，行动就像止痛剂，不能治愈但能镇痛。这种安慰不会马上见效，但能真正地平息痛苦，因为行动会起到缓解的作用，而一切安慰都要先从缓解开始。

在行动的良性推动下，人们会暂时忘却痛苦和不幸。

接下来，其他的更接近真正安慰的东西会出现。假如只有缓解作用，一旦行动停止，人还是会处在同一悲伤点上，然而安慰常常令人向前迈出一小步，在不经意间发生一点变化。这是怎么回事呢？也许是因为安慰使我们和别人在共同行动中重建联系，使我们通过对能动性（感到对自己或对环境是积极主动的）的感知重建世界和自己的联系。总之，这是与生命运行的再次对接，而从前的不幸事件、巨大痛苦或仅是存在的悲哀，只会令生命凝固。

有些人会如同成瘾一般逃避到行动之中。不少哀悼期间的人为了忘却一切痛苦，会拼命工作或运动，直到成瘾。我们要通过正确的行动来安慰自己，这当然不是在寻求忘却并通过身体或精神疲倦来麻痹痛苦，而是一种让行动成为暂时缓解无法停止的悲哀和激烈的痛苦的方式，我们也希望痛苦的回归是缓慢的，是没有那么折磨人的。

在行走中获得安慰

行走是最为简单可行和最能鼓舞人心的行动之一，令人回归原始、本质和当下。行走能舒缓精神，人一旦专注当下、专注每个步伐，它就变成了真正的安慰方式。行走是任何动物都拥有的简单本能，可以让人重新关注身体活动和它代表的最基本也是最无可争议的生命力量。行走和自然环境一样，对所有人都大有益处，和心境是否痛苦无关。[90]行走也和自然环境一样，会给悲伤的人带来某些特殊的好处，[91]它令人不再关注沉溺于痛苦的自我，转而关注前进的自我。通过重复的带有催眠作用的步伐，行走能平息人们情绪波动受到的困扰，将人带出自我的小圈子，促使人关注他的"避难小屋"以外的世界……

恐怖经历之后的行走

奥斯维辛集中营被解放的几周后，普里莫·莱维不顾身体虚弱，欣喜若狂地穿越了波兰的卡托维兹市的郊野，来让生命渗入他体内的每根纤维之中。他说："我在清晨美妙的空气中走了数小时，仿佛那是灵丹妙药般大口呼吸，将空气吸到我残破的肺里。当然，我还摇摇晃晃，可是我迫切地感到，需要通过行走拥有我的身体，需要在近两年的囚禁之后，重新和树木、草地、生机勃发的棕色厚土，以及一波波地带走松树花粉的强风建立联系。"[92]

安慰中的消遣理论

　　人们也许会看不起投入行动这个简单的安慰方法，因为它与痛苦的根源风马牛不相及。走路怎么能安慰哀悼者？种花、投入工作就能安慰感情失意或惨痛失败？不过，对于行动和消遣的益处，我们最好不要太快批评或表示不屑，安慰的传统理论对它们的态度是相当严肃的。如今，消遣是种找乐子和散心的方式，而在 17 世纪，这个词语根据它的拉丁语词源"divertere"意味着"转移的动作"。消遣是人类生活中一种转移痛苦的典型做法。

　　蒙田则说是"散心"（词源相同），也就是说不再去想让人痛苦的事情，从令人不快的现实中转移注意力，同时等待生活来帮助我们走出困境，让流逝的时间慢慢抚平伤痕。这是因为，消遣首先会通过转移对痛苦的关注来缓解痛苦，然后通过将人和外界重新联系来逐步安慰痛苦。

　　让消遣活动具有安慰作用的最好的办法可能是专注于活动本身而不带任何杂念。这就是人们所说的"自身具有目的性"的活动，即活动和目的融为一体。比如，行走不是为了去某个目的地，而是为了行走带来的乐趣（或它带来的安慰作用）。

更好的做法是以正念的方式来进行活动，而非心不在焉，比如一边行走，一边想着其他事情和个人担忧。

正念的意思就是，有意识地并真正用心而全力地去做某件事，暂时不下定论，也不抱有其他期望。

因此，人投入的行动可以是一种简单的表面上转移痛苦的活动，也可以是一种重新和世界对接的深度工作，一切取决于我们的意识程度和参与质量。比如，走路或听音乐可以是种消遣，会让人好受一点，但不会在本质上改变什么，但它也可以在我们全心投入下产生有力的深层效果。

当然，在悲痛状态中重新行动起来有时是相当困难的，比如人在心灰意冷时，常会觉得努力不会带来任何快乐的回报。每天重复同样的动作，付出同样的努力，却对结果毫无所知，这是很难受的，就像迷路时，人们既不知道方向，也不知道能否到达某个地方或至少可以有点慰藉的地方。基于这个原因，如果在安慰他人时建议对方"做点什么"，最好的方法就是尽量和他一起做，在他身边帮助他，比如一起走路、一起活动身体、一起前进。行动和陪伴总是相得益彰的。

安慰人的艺术

艺术既能美化生活，也能抚慰我们的悲伤吗？

第二次世界大战期间，英国（伦敦）国家美术馆应民众要求，每月展览一幅馆中珍藏。每次仅有一幅，都是深藏于威尔士的珍品，提供给饱受德国战机侵袭的伦敦市民欣赏。每幅杰作旁边总有两位专人守护，警报一响，他们就立刻将作品撤离。此外，美术馆还组织了数场音乐会。当年的馆长叙述说，首场演出时，当贝多芬的《热情奏鸣曲》的第一乐章旋律响起时，"我们坚信一切苦难都不会白白经受"。[93]

人们所称的"艺术"（"美术"或一切艺术创作）是人类创作的旨在引起他人感情共鸣的作品。这种感情共鸣可以是愉快的和能带来安抚的（比如欣赏、惊讶、升华、感激、感动等），也可以是不适的和令人担忧的（比如恐惧的、悲伤的、愤怒的等），可能的话，这种情绪还会影响人的世界观。

这些内在效应说明艺术能够扮演安慰者的角色，与它本身的初衷没什么关系。

有些人，例如散文家雅克·阿塔利[94]就认为："无论文学的、音乐的、还是智力的，激情首先都是一种对令人眩晕的虚无感的安慰。"因此，艺术是一种对我们最大的恐惧——注定会逝去的恐惧的至高慰藉。

　　我记得一位来访者告诉我，在他抑郁症发作得厉害的时刻，倾听莫扎特的奏鸣曲或欣赏梵高的画作是怎样地安慰了他。他说："知道他们已经不在人世但仍能和我产生共鸣，知道我们属于同一人类社会，知道他们曾经和我同样痛苦，令我感到慰藉。即便这对解决我的问题无济于事，况且知道他们也曾经痛苦，有时还会使我更加难受。但是，他们曾经的逆境、那些和我相似的处境以及我感到的这种亲近，使我情不自禁地相信他们会给人安慰而非令人难过。"大家都有灰暗的相同命运（受苦并死去），而其中的佼佼者能超越它并将一份艺术成果贡献给人类，这对我们来说或许是很有助益的。

　　哲学家阿兰·德波顿在其著作《艺术的慰藉》[95]中提出，艺术的功能在于给人希望、令痛苦变得充满尊严并拓宽我们的世界观。他想象了一座内部展厅或楼层契合人类心理需求的博物馆，里面设有爱之厅、恐惧之厅、痛苦之厅、同情之厅，等等。

　　毋庸置疑，和艺术品的每一次接触都是特殊的。它产生的影响取决于我们的性格，特别是当时我们所处的人生阶段。一件作品可能当时打动不了人，而数年后则令人感动不已。鉴于有些艺术创作是如此杰出，创建一座这样的博物馆或许并不是天方夜谭，况且，人们体验幸福和不幸以及被世界感动的方式，要比人们想象中相似得多。

　　那么，安慰之厅展出的会是哪些作品呢？哪些作品能展现和我们相似的痛苦，能建议我们如何去应对和战胜痛苦，还能让我们梦想痛苦之外的东西，向我们描述爱、希望和友谊，让我们在时空中遨游？这个大厅必须足够宽敞才行！

艺术如何安慰人

首先，艺术能吸引注意力，因为它们出色且与众不同，或者虽然常见却立意新颖，让人暂时忘却萦绕心头的烦恼。

其次，艺术能令人感觉愉悦（如欣赏、惊奇、感动）并减轻痛苦情绪的控制。福楼拜是个相当多愁善感的人，他在信中这样写道："我只不过是条文学蜥蜴，成天在美的光辉下取暖。"[96] 但他并未就此认为自己的创作应该是有安慰性的，恰好相反。在他与好友乔治·桑的通信中，两人经常观点相左。于是，后者给他回信时这样说道："毫无疑问，你总是闷闷不乐，而我总得去安慰你。"[97]

艺术还能通过让人不再聚焦自身，并和其他类似或不同的痛苦人群建立联系，起到安慰的作用。在这种情况下，欣赏的过程不仅让人鼓舞，不仅是一种美的享受，还有一种艺术和人类痛苦互相结合的动人之处，让人体会到其他人的痛苦；有时候，则是对苦难和希望的一种分享。

最后，接受艺术品带来的安慰并不总是容易的，因为我们的

悲伤会隔绝对它们的感受。不过，所有的安慰都是如此：拒绝比
接受容易，认为这些无用、可笑要比敞开心怀接纳容易。艺术带
来的安慰有时不比人或自然带来的安慰更容易被接受，我们经常
需要一点努力才能接触它们。不过，艺术的好处是随时可供使
用，即便是深夜孤独一人，只要借助书籍、网络等，就能接触到
它们。

阅读带来的安慰

安慰的方式中自然包括阅读。

我们在学会阅读之前喜欢听故事。创作、讲述和聆听故事是
人类特有的本事。阅读在文化传承（如知识、社会规则等）方面
硕果累累，在安慰方面也成果颇丰。

有项研究的对象是 7 岁左右（大部分为 5 ~ 7 岁）的接受重
症治疗的儿童，他们多数患有呼吸系统方面的重症，并且身处一
个压迫性的环境里。这项研究表明，当一位态度和善而经验丰富
的陌生人讲述大约半小时的故事之后，这些儿童不仅在主观意识
上（例如身体上的痛苦减轻、情绪改善），而且在生理方面也得
到了安抚。

还有一个明显的事实：参照组的儿童也由一位友善的成年人
陪伴了半小时，但他不讲故事，只是和大家聊天。结果，这组儿

童的情况虽然也有改善，但效果并不明显。这表明安慰的效果不仅来自陪伴，还有大家一起听的故事！这点当然对成年人也适用。

保罗·瓦勒里曾说："阅读为我们提供机会去了解并轻松地经历诸多非凡的人生，在精神上体验各种强烈感受，安全地进行各种冒险，假装采取行动，培养人类最聪慧和深刻的思想，却几乎没有什么花费。总之，阅读为现在和将来的我们增添了无数感受、虚构的经历和他人的见解。"[98]保罗·瓦勒里是位风格朴实、不喜欢大肆渲染的作家，他对阅读的看法完全正确。

故事能将人带进不属于自身的遭遇中，这点在我们遭遇困难时尤其可贵。大量研究表明，经常阅读小说能增强同情心并改善社交能力。通过对故事主人公的身份认同，读者可以理解他们对世界的看法，以及对其他人物的认识。小说阅读是对个人人生经验的极大丰富，其中自然也包括对痛苦的体验。[99]阅读帮助人们观察和理解其他类似的生存经验，从中获得启发，不再沉湎于个人的不幸。

如今，许多研究都与语言对人脑运作特别是对情绪的影响有关。观察人脸照片并描述各种情绪（如恐惧、愤怒、悲伤等），相较针对同一张照片做出其他指定动作，更能降低小脑扁桃体及附近地区（情绪大脑）的反应，并增强脑前额叶皮质（情绪管理中枢）的反应。[100]比如，患有蜘蛛恐惧症的研究对象，在靠近被关在玻璃瓶中的一只大蜘蛛的同时描述个人感受，能减轻他焦虑的生理反应（如发生皮电反应减少）。相较于采用理智说服自己或转移念头的其他恐惧症研究对象，他们能更加靠近玻璃瓶。将人的恐惧、愤怒或悲伤和语言表达结合起来，能减轻负面情绪的强度，令人更好地应对负面情绪。

阅读过程中的安慰效应正是如此运作的：我们将个人感受和模糊情绪跟准确的词语结合起来，陪伴书中人物历经考验并发现他们的处事方式。阅读能够帮助人们理解负面情绪的实质并思考如何行动。在将来的某个时刻，当人们具有足够的智慧或力量后，他们就能重返现实生活，不再危险地逃避在虚构世界里，因为此时的虚构世界已不再是改变人的地方，而是避难所了。"书本上说，某个人因为某种原因做了某件事；而在生活中，某个人做了某件事。书本给人解释为什么，而生活不加解释。我并不奇怪有人更热衷于书中乾坤。"[101]

两本小书作陪的夏日午后

在某个夏日午后，一位刚经历了肾脏大手术的患者躺在床上，在窗帘的阴影下阅读朋友送的两本中国诗歌小册子。尽管注射了止痛药，但他依旧很痛，稍一动弹就痛彻心扉。而且，他对手术结果和刚做完的生理化验还心存忧虑。不过，这一时刻他得到了充分的慰藉，感觉像处于一块安全、和平的绿洲之上。安慰他的活动正是阅读这些关于现在种种瞬间的短诗，因为这正是卧床养病之人所拥有的时间概念：现在。这两本小书纸质很厚，装帧简朴而典雅，充满美感。虽然此时宁静无声，他一个人却不觉得遭到遗弃，而是正在休憩。特别指出的是，这书是朋友送的，他每翻一页就仿佛看到了朋友的面容，这比他自己买的书所获得的安慰强过百倍，彻底地安慰了他。以下便是摘选的小诗之一，名为《送春词》[102]：

> 日日人空老，
> 年年春更归。
> 相欢在尊酒，
> 不用惜花飞。

诗歌带来的安慰

在我看来，诗歌作为一种文学形式，因为痛苦和安慰的需要，最能使人受到启发和培养。安德烈·孔特－斯蓬维尔从哲学视角如此定义："诗歌是个不可分解的整体，几乎总是神秘莫测，它文体固定，声调婉转，深刻而真实，感情丰沛。这是一种悦耳而动人心弦的真理，但不要和诗体或具体的诗混淆。一首诗很少会从头到尾充满诗意，而有时一篇散文却会诗意满满。"[103]

罗莎·卢森堡在狱中谈到诗歌的魅力时说道："这只是词语的音乐性和诗歌奇特的魔力在静静地抚慰我，我自己都不知道一首优美的诗会如此深刻地触动了我。"[104]

当诗歌运用简单优美或形式深奥的词句提及人类的痛苦和希望时，其表达方式令听者更深入，自己来填补诗歌中的留白或含糊部分，自己来澄清朦胧的感受。诗歌总是含意深远，这超出了文字本身。也许诗歌的阅读最能给人雾里看花的美感，让人感受自身与清晰的文字之间遥远的距离，因此当与他人产生共鸣并且发觉自己不再孤单时，欣慰及喜悦之情也最为强烈。

此外，对许多作者来说，写诗是种安慰方式，他们的心经常引导着他们的手。正如保罗·瓦勒里指出的："诗人的伟大之处是善于使用文字抓住他们的精神只能依稀察觉的东西。"[105]

同时，诗歌也帮助我们发现了和安慰同理的一个特殊现象：过度的诗意会令人反感，正如过度的安慰显得乏善可陈。在撰写这本书时，我读了数本诗集，试图找到其中安慰人的机制。然而，我很快就对它们或矫揉造作，或过分正经，或无病呻吟的风格忍无可忍。在特殊时刻，过度矫情的诗歌不会鼓舞我们，反而令我们自怨自艾（诸如"一起哀叹我们的不幸吧"）。所以，诗歌宁可朴素一些、精简一些。同理，在安慰亲人时，我们不要过度沉浸在哀怜中，不要一起长久而反复地抓住痛苦不放，而应该尽量给被安慰者带来活力，给他们提供行动的机会，帮助他们重新走入生活，而不是和他们一起逃避生活。

安慰人的音乐

音乐在安慰方式中占据特殊的地位。它不说话，也不懂鼓励，但能带来巨大的慰藉，有时甚至通过一种温柔而友好的痛楚、略带伤感却能安抚人的痛楚给人带来安慰。今天我们已经知道，人们聆听自己喜爱的音乐会全面地激活大脑，让大脑释放与快乐或温情相关的神经递质或激素：多巴胺或后叶催产素。[106]

不过，让人精神舒畅的音乐未必是欢快的音乐，优美而悲伤的音乐也能舒展心胸。而且，为了振作灰暗的心情，人们鲜少选择欢快或振奋人心的音乐（欢快的音乐更多是为了增强已经有的积极情绪），他们更愿意聆听忧伤的音乐。[107]这一点部分证明了我们想获得安慰，首先要接受痛苦。音乐能让人放下一切，更投入地悲伤，更自由地解脱。

我曾在哀悼一位朋友期间听过美国作曲家塞谬尔·巴伯的弦乐合奏曲《柔板》。他的音乐哀伤得摄人心魄，然而我却觉得自己必须触到这份悲伤的底部，才能度过这个阶段。

在音乐领域，歌曲是诗歌和音乐的结合，这是很流行的"诗意安慰"方法，或者通过愉快和振奋的歌曲让人感到快乐，或者通过伤感歌曲来描述及分享悲伤。或许正因如此，很多 15 ~ 30

岁的年轻人会借助音乐来安慰自己。[108]

有研究[109]表明，悲伤的音乐引起的主要是怀旧情绪，而非强烈的悲哀情绪。怀旧情绪是一种将自己和过去重新连接的微妙感情，也是另一种自我安慰的机制。

在人们面对巨大的不幸甚至死亡来临之时，音乐能发挥举足轻重的作用。我很喜欢大提琴手克莱尔·欧佩经历的动人故事。

她为自闭症儿童、老年阿尔茨海默病患者或处于临终关怀阶段的患者演奏。据她讲述[110]，有天她去一位甲状腺癌晚期患者乔治的病房演奏，她询问对方想听什么音乐，得到的回答是："随便什么音乐，只要是好听的！"那么，她就拉了意大利作曲家阿尔比诺尼的一段《柔板》，然后是法国作曲家古诺的《圣母颂》。音乐在房间里流淌，那些药盒、塑料水壶、仿皮的扶手椅和它上面坐着的忧心忡忡的患者的儿子，仿佛都在这强烈的一刻消失了。乔治倾心聆听，他闭着双眼，头靠在枕上，带着微笑流泪。当一切重新安静下来后，他合上双手说道："您给我心里带来了快乐，真的非常非常感谢。请将这份快乐也带给别人吧。"[111] 安慰正是将快乐植入人心，哪怕那份快乐只有一点点，哪怕只是在乐曲持续的一小段时间内。

我们谈到了听音乐，还有演奏和唱歌。它们如同在林中漫步一般提供了全套的安慰，因为人在演奏乐器或唱歌时，也享有了行动和音乐带来的双重安慰。心情忧郁之时，演奏可以是一个完整的修复过程，因为它带动了整个身体和精神，安抚了心灵，捕捉了注意力并疏导了各种情绪。演奏音乐时，人们追求的不是完美的效果，而是一种和痛苦互通声息的安慰。

把痛苦诉诸文字

为了自我安慰，我们可以听音乐或自己来演奏，同理，也可以不只停留在阅读上，而是动手写作。这会带来另一种形式的鼓舞。

人们有时会把写日记视为以自我为中心的随性而为。不少人在青春期写日记，长大后就放弃了，这一变化证明了这个观点：写日记只是某种有欠成熟又有几分自恋的年少轻狂而已。不过，这种想法失之偏颇，因为记录内心感受是自我认识的绝佳途径之一。

萧沆在其著作《在绝望之巅》[112] 中就写作赋予的安慰力量郑重地说道："有些经历会摧毁人，有些经历会让人万念俱灰……假如人依旧幸存下来，这只能是拜写作之赐，因为写作具体化了这些经历，减轻了这份无边无际的重负。"

大家之所以经常在青春期借日记倾吐心声，是因为这个人生阶段的生存和自我定位的压力和困难都是最大的。

自我表达是一种柔缓的对话，由自己控制节奏，而对方是陌生的、遥远的、沉默的、友善的、耐心的，同时具有安慰的力量。

科学可以证实这一点。自美国社会心理学家詹姆斯·彭尼贝克首先进行研究[113]以来，关于私人日记益处的大量数据得以采集，证明了用文字来描述人生痛苦阶段的方法能够帮人修复伤痕，增进健康。彭尼贝克最初的研究成果之一建立在一个简单的实验之上：请没有特殊心理问题的志愿者在连续四天里，就自己最惨痛的经历不间断地写作15分钟（以便其中涉及的话题尽可能真实，不流于表面）。参加者事先被分成两组：一组被鼓励深入地描述各种感受，另一组则不带感情地进行客观评论。

实验结束后，"深入组"相较于"客观组"在中期（实验后两周内）情绪愉快和长期的客观健康状况（随后一年内就医的次数）方面，都取得了更好的结果。因此，深入挖掘个人痛苦（而不是沉浸其中），提高认知并且将自己从中抽离出来，是大有裨益的。

随后，大量出版的同类研究表明，写作的疗效之一在于它重组了痛苦的经历。如果没有付诸文字，这个重组的工作经常是在人们思想状态不明朗的情形下进行的。模糊的认识往往比清晰的认识更有伤害性，因为不确定性会带来情绪上的焦虑和纠缠，而清晰的认识，即使认识到的是负面的东西，也能促使人采取行动。因此，要求自己将不确定的感受用有逻辑的语言表述出来，也是大有裨益的。

将来可能会出现这样一个问题：纸质信件逐渐消失并被电话取代。电子邮件或短信正在改变人们的表达习惯，即刻、快速的互动取代了交谈和反思。这对作为社交动物的人类也许是件好事，但对人的精神和感情世界却未必有益。对于文字交流带来的安慰，这可能更加糟糕。上文谈到的乔治·桑和罗莎·卢森堡那些精彩的通信和它们强大的安慰力量，如果通过电子邮件或短信传递，也许效果就不尽相同了。人类交流的数字化是否减弱了人类互相安慰的力量？这个问题有待时间来回答……

"亡母之文字墓"

我治疗过一位来访者，他是位不太出名的诗人兼作家，离群索居。当他母亲过世时，他经历了一段接近病态的、极其痛苦且灰暗的哀悼期。他母亲弥留的景象不断出现在他的脑海中，令他感到排山倒海般的悲痛和内疚。总之，这是一种程度和时间都非同小可的悲哀，而且它粉碎了患者和外界尚存的微弱联系，令他把自我封闭起来。于是，我在诸多治疗手段中选择鼓励他动手建一座"文字墓"，即以文学形式写一系列的文章来悼念亡者。[114]起初，他是如此抑郁不振，难以达到我的要求。不过，我要求他无须考虑优美的章法和词句，即使颠三倒四也不要紧，只要写下他对母亲的所有记忆即可。这些记忆不仅要包括母亲在弥留之际受到的折磨，还要有她经历过的幸福或愉快的生活片段。他信任我，因此努力去完成这项工作。真实的母亲从他的悲哀中渐渐浮现，不只是她垂死的样子，还有她鲜活且完整的形象。他的悲哀渐渐地被安慰代替，这股情绪刚开始还有些脆弱，但后来愈发明亮。他看到母亲穿透了临终时那层黯淡而忧伤的薄雾，在他的思想中重生。被遗忘的记忆在写作过程中重新浮现，自然而然地从笔下涌出。他常常边写边哭，然而这是温暖的、柔情的、没有苦涩的泪水，一个受到安慰的人的泪水……

悲伤的喜悦和安慰人的静心状态

所有这些在不幸之中由艺术的美感带来的安慰，都被我称为"悲伤的喜悦"。之所以是"喜悦"，是因为痛苦被带走了，人仿佛从痛苦中抽离出来。我们每天都对生活感到喜悦，因为它令我们忘却痛苦和死亡。

不过，应该强调的是，感受艺术并接纳它要求人们在场并注意，甚至达到某种静心状态。一项关于审美体验的研究表明，如果我们心不在焉，就难以被艺术深层次地感动。[115] 多项研究都表明，注意力分散会导致痛苦加深，而注意力集中则能促进愉快情绪的产生。[116]

这就提出了通过电子屏幕和社交网络"散心"的问题。这些方式的消遣性很强，但安慰的能力却极其有限。至少，它们令数字产品的热心消费者更加焦虑而且变得越来越不自信。[117]"分散注意力型的消遣"（如上网、浏览杂志图片和标题）固然可以暂缓痛苦，但它们似乎远远不如"深入型消遣"① 功效明显。

---

① 原文意指那些不以散心为唯一目的的消遣活动，比如听音乐还能陶冶情操，读书可以增长知识等。——译者注

沉思带来的安慰

沉思需要人静止不动，而行动给人安慰；沉思在孤独中进行，而联系给人安慰；沉思让人闭上眼睛，而世界的美丽给人安慰。从逻辑上看，沉思应和安慰不合拍，然而两者的结合却是如此完美。原因何在？

首先，也许是因为沉思不像表面看来那样，并非闭上眼睛反复想着自己的烦恼（这无法安慰人），而是深入探寻自己的感受。

其次，也许是因为沉思在培养一种平和而清醒地看待世界和自己的观点，是一种为了获得这些观点而进行的思考练习。保持静止和闭上眼睛仅是一个过程，在这之后，人们以逐渐改变的平和理智的心态来看待人生，因为平和与理智是面对各种不幸的主要工具。

最后，也许是因为现代人所进行的沉思源远流长，它们或源自东方消弭痛苦的理念，或源自西方对升华和救赎的追求，而这一切当然都能带来安慰。

现在很流行正念练习，因为它容易实施并且经过不少科学验证。先从全心体验当下开始，专注正在做的事，同时保持距离来审视它，比如，感受自己的呼吸和身体活动、倾听各种声响、观察各种念头的涌现和掠过等。随后，以这个当下的现实为起点，专心地审视内心思想和对外界的观点。

注视、呼吸和自我安慰

某天早晨，一位年轻女子力求安慰自己。她和伴侣的关系出了问题，而她纠结于是分手还是努力维持现状。两条路都令她心生恐惧，因为她只看到它们的坏处。分手会造成关系破裂，让情况变得复杂，无爱的二人生活则会令人慢慢窒息。她感到忧虑、悲伤、无力，因为没有一条出路是简单的，而所有让她自己困在一种无路可走的痛苦境地的条件似乎都具备了。屋外，天气晴朗，风景迷人，她决定通过沉思和观赏来平息情绪。然而蓝天给予她的安慰并不够，各种想法如同春日突发的寒冷、猛烈的阵雨，很快又卷土重来："的确，这一切很美，让人舒服；的确，注视天空并深呼吸要比无用地不断烦恼要好，可是，如果能无忧无虑地看着天空，难道不是更好吗？而且，这根本解决不了问题……"她继续想下去，"就算这样，那怎么办？如何处理这个状况、这份痛苦？怀着痛苦呼吸、注视和微笑吗？"她觉得找到可以帮助她的想法了："可以从这点开始，从自己的痛苦和悲伤开始。呼吸不是为了和悲伤抗衡或置悲伤不顾，而是陪伴着悲伤。"也就是说："加油去做每件事，可能的话，从今天或明天开始，尽己所能带着悲伤去做每件事，去努力生活，不要将精力耗费在难过、遗憾和比较中；要保持最好的状态来面对并解决这一切。"

她将思考和呼吸的动作结合起来："我吸入蓝天给予我的安宁，呼出过多的忧虑和悲伤；我不寻求完全抹去忧虑和悲伤，只希望让它们少一点，不至于占据我全部心神……"她感到身体开始放松并发出信号说"我能做到的"。她能较为清晰地看到她脑中萦绕着与两人关系有关的想法，以及它所包含的负面词语：灾难、沉没、无计可施、失败等。她对自己低语："好了，你能做到的。我们俩会进行一次谈话并做出决定。无论结果是分是合，我都不事先随意揣测。先去见他一面，保持冷静并接受任何可能性。一切视情形而定，只要尽力就好……"

避难所

当我们处于困境时，沉思给我们提供了一个并不虚幻的避难所：当下。不幸的暴风雨在人周围肆虐，无处可逃，于是我们停留在原地，以自我为中心，这样做是正确的。痛苦也停留在这个中心，不过它并非唯一，其中还有我们对自己呼吸的意识。我们要花点时间久久地体会呼吸的动作，意识到自己的身体，倾听各种声音，保持和各种念头的距离，观察它们但不去多加琢磨。

这一切并非只转移了我们对痛苦的一部分注意力，这还是一种对痛苦的解构，将我们的情绪、想法和冲动一一摊开检视。与其承受苦恼的重负并被它压垮，不如更加仔细地观察它，将其分成几块。整个分割和拆解的工作减轻了绝望的毁灭性威力和对人的控制。而后便只剩下了痛苦，无法避免的、真实而主要的痛苦，不过，它已被除掉了各种精神上的累赘、无用的伤害和恐惧的压力，因此，它是一些相对轻松的痛苦。

近距离观察痛苦

沉思之所以能安慰我们，是因为它教会我们如何去面对痛苦，让我们承认并接纳痛苦，帮助我们清理心理上恶化的伤口，例如我们的个人观点和评价带来的偏差、放大（将不幸视作灾难）、设想（认为不幸会永远持续，没有解决方案）、个人化（认为倒霉事总是落到自己的头上）及抱怨（这是一种吸引安慰的方法，但也可能阻止人们受到安慰）。

面对这一切，面对痛苦潜在的扩张，沉思能帮助我们注视痛苦本身的存在，排除有害的衍生物。正如司汤达所说：[118] "就近查看自己的痛苦，是一种自我安慰的方式。"

沉思是和自己的定期约会，它教人如何每天与痛苦为伴。通过有意识地经常和痛苦相处，我们会少一些恐惧、少一些忍受，更好地倾听痛苦而不被其淹没。沉思也能教人如何接近美化生活的一切，因为沉思的对象也可以是人生中的幸福时刻，我们会通过沉思把它们铭记在心。

向世界敞开

沉思可以被理解为一种"视野体操"。人们借此扩大对人生的看法，将视线投向超越了个人的远处。正如雨果的诗歌[119] 所描述的：

> 你看着神秘而宁静的天空，
>
> 因其广阔，你的灵魂得到了伸展。

有研究表明，经常观赏天空对人有益，能够降低精神上的焦虑感，那么，沉思不正是一种用心灵凝视天际的方式吗？

博班对此洞察分明："目前，我只是满足于聆听世界在我不在时发出的声音。"[120]

因为沉思让人观察到世界对人类的悲伤无动于衷，自己无须无故烦恼，而应从中汲取它的安详，让外部世界的和平、天空与自然的宁静进入自己的体内。这好似我们希望逝者享有一份永久的安宁，而我们通过沉思，却能在有生之年享受它！

痛苦有时是一种过分关注自己的需要。因此，重要的是记住周围的世界能够帮助我们。它可能只是波澜不惊，而非无动于衷，它容纳了我们所有人的所有痛苦。我们应该让自己受到这份宁静的感染。

让满足感来临

有时候，沉思会让人产生一种恬静的感觉：无所需、无所求、无所缺，一切都唾手可得。这种满足的状态不仅惬意、轻松而且充满了启迪：内心的安宁并非遥不可及，对悲伤和不幸的安慰也往往比想象中要容易。

在这个时候，我们本能地明白，执意寻求问题的解决之道具有毁灭性，因为新问题会层出不穷，对新办法的寻求也永无止息。

沉思经常鼓励我们进入另一个空间，在这个空间里，比需要解决的问题更重要的是一种对生存疲惫感的安抚，是一种偶然但常会出现的天赐般的满足和永恒的感觉。

沉思并非逃避，因为当人在沉思后回到困境重重的现实时，可以更有力量、更冷静、更有创意、更灵活。大量研究都证实了

这点。沉思能帮助人们客观地看待问题并以另一种方式来解决
它们。

用心来肯定

最后，沉思有助于让人们聆听和接受鼓励的话语。即使我们
知道这些话千真万确并在必要时能鼓励我们，但我们内心总有一
道障碍。由于身处不幸和痛苦之中，我们无法真诚地听取、接纳
和消化它们，我们的精神排斥它们。在实际生活中，我们经常在
理智上接受了它们，心里却没有……然而，完全地接受安慰之言
相当重要。

定期进行沉思似乎对我们的精神防御机制和固执态度有总体
软化效果。鼓舞不能只触动大脑皮层的理智脑（我在理智上同意
还是不同意？），也要能被情感脑接收，因为那里才是让身体平
静下来的通道（听到这些话，我有何感受？）。正是在情绪脑部
分，沉思在接纳和解困这两个步骤上发挥了巨大的作用。它将安
慰性的念头引入我们，同时排出负面的感受，并将其转化成简单
的想法，从而将之当作一种假设进行反驳并慢慢地清理出去。

基于此，沉思的优点是双重的：它本身是自我进行的一种安
慰，也能帮助人在心底接纳外部的各种安慰。蓝天只有在它成为
一种和我们产生共鸣的感觉、一种强烈动人的情绪，而不是一种

客观现象或想法时，才能安慰我们。沉思将精神上的安慰转变成心灵上的安慰，令安慰深入身体内部。而人的身体记忆比大脑记忆要好，它像动物一样，永远不会忘记别人给予的抚慰。

相信并听从命运

　　这是在不少民间智慧集锦小册子上能找到的一句安慰之言：命中注定的终究会来。人类相信并接受命运，例如"上天注定了""发生的正是应该发生的事""你遇见的都是你该遇见的人""任何时刻都是合适的时刻"，等等。

　　所有这些格言既可供商榷（关于它的可靠性，谁知道命运是否真的存在），又值得赞赏（关于它经常起到的安抚效果）。它们的目的都很明显，就是促使我们不要就"这不正常，我的运气太差"之类的话题争论。

　　在大惊小怪之前先接受事实，这并非一桩易事。如果这类朴素的智慧能帮助人不去唠叨毫无用处、令人疲惫而有害无益的后悔之言，只是保留不幸中值得重视的正当悲伤，将精力用来行动而非悲泣，因此接受这所谓的命运对人来说是充满好处和慰藉的。

　　萧沆对这类关于命运的安慰性做法毫不欣赏，他说："安慰不幸之人的最好方法是向他断言这是上天将厄运降到他的头上。这类"天选之子"的奉承话能帮他更好地经受考验，因为厄运的说法意味着他被上天选中，这是难得的考验。"[121] 以所谓的厄运来安慰人当然是靠不住的！不过，接受不尽如人意的命运是种缓解压力的办法，因为这能使人放弃无用的反抗，而去选择有效的抗争。

招聘面试

我的一个堂兄弟和他的一个朋友一起去应聘。他们对这个职位很感兴趣，可是两人都落选了。我的亲戚很失望，给他朋友打电话，后者对他说："你看，未来也许会告诉我们，没有获得这份工作其实是份运气，只是我们要以后才会明白。"对他俩来说，确实如此。两人之后找到了一份更好的工作。当我的堂兄弟跟我说起此事时，我问他这些不太靠谱的老生常谈怎么会安慰得了他，因为他是个相当理智、不安分且苛刻的人，然而他朋友的话真的令他振作了起来。我们一起考虑片刻，认为他受到鼓舞的可能原因，一是这只是一个普通的挫折，二是他们两人都遭受了同样的命运，三是我的亲戚对未来和他的个人能力还是很有信心的。他补充说："你知道，如果同样的事我在一年后遇上，朋友说相同的话可能不会给我鼓舞，反而会刺激我。安慰的道理真是

神秘莫测！"也许真是这样。安慰之言有时能深入人心，安抚人
并给予安全感，有时却完全相反，被对方的防线和负面执念反弹
回去，没有任何效果，这的确令人困惑，但总的来说，对此试图
进行了解还是很有意义的。

相信命运并不够，我们还要以某种方式来相信！这和法国哲
学家阿兰提出的观点吻合。他认为："人只有在竭尽所能的情况
下，才会毫无遗憾。正是为此，行动派是最能从天命使然的观点
中得到安慰的人……这观点是特定时刻的理智想法，但不应将其
用来看待未来。"[122] 接受命运，是决定接受既成事实，也是努力
让它不发生或继续努力使它将不再发生。因为"命中注定"这个
词有个矛盾的地方，它似乎奇怪地指向过去，而实际上它将我们
从过去中解脱出来，鼓励我们展望未来，采取行动，而不是在遗
憾上浪费时间。

那么，通过接受命运来安慰自己是正确的做法吗？是的，前
提是我们要保持清醒头脑，而非弃甲投降；要避免茨威格在《昨
日的世界》中谈到的幼稚或狂妄；要放弃"这种让人动容的执
念，认为可以封锁自己的生活，没有任何缺口，保护自己不受任
何命运的进攻……这是一种危险的极度狂妄。"[123] 命运的变数在
人生的某个时刻会闯入我们的生活，而那时，我们当然需要所有
力量来接受和应对它。

出于这一原因，我很欣赏大仲马《基督山伯爵》最后一句话

的模棱两可："等待和期望！"这既令人安慰又令人难过，令人安慰是因为它将必须等待的明天和美好的希望结合起来，令人难过是因为它强调了和希望融合的无力感：人们只能在无法改变现实的情况下去希望发生转机，假如人们具有改变现实的能力，这就不再是希望，而是信心。

因此，相信命运能平息焦虑并安慰人心，但并非让人消极不作为，人们还是要等待和希望着，特别是行动起来……

通过探寻意义而艰难获得的安慰

这是源自大众心理学的另一种安慰之道，即对自己说凡事总有某种意义。逆境也许是要告诉我们，提请我们注意某件我们不愿知道的事情，让我们去看不知如何去发现的某个事实。即使磨难传递的信息可能会伤人或含意不明，但对此进行探讨总是有用的。

找到逆境的含义或许会安慰人，因为许多时候正是不公平、无法理解和荒谬的感觉将考验转变成了不幸。对自己说打击我们的不幸也许隐藏着某种信息，这能令人感觉好一些，不再只是愤怒反抗或心怀内疚，并可以据此采取可能的行动。这在面对疾病时格外有用：我们可以认为我们（或亲人）患上的疾病传递了某种信息，以告诫我们生活脱了轨或存在某种自己不愿见到的痛苦。疾病让我们正视重新赋予生活的意义。

存在的危险

对意义的追寻也可能是危险的。作为医生，我注意到病人听到他人断言"这病来之有因"时会很受伤。这让人们将疾病和残疾归为含义不同的另一类不幸，它们只是出于偶然、坏运气、错误或人力无法左右的原因。

挫折和困难迫使我们考量自己过去的行为、内心愿望和将来的行动。这是它们的唯一好处：一切顺利时，我们乘风破浪；当疾病、残疾或不幸降临时，因为我们处于逆势，态度必须更积极。有些人会考虑他们希望赋予人生何种意义，另一些人则只是认为："我的生命意义就是更好地活着，就是享受、发现、分享等。"历经风雨的人，对人生的看法往往比顺风顺水的人更丰富、更深刻。

所以说，这可能是在不幸中幸存下来并保持身心健全的人获得的某种馈赠，因为人生考验也可能会夺去生命或令灵魂留下永久的伤痕。

有时，考验或受苦也毫无意义可言，似乎没有任何有益的或启发性的后果。那么，最好的办法是永远不让这类事情发生。如果它还是发生了，我们必须学会接受，并尽可能地活下去。只不过，它有时带来一个危险的严重后果，那就是这份翻天覆地的考验过后，人们可能觉得一切都失去了意义，包括活着。

带来的好处

因此，人们在逆境过后追寻其含义有时是相当重要的。这或许是种水中逐月的行为，但能对人形成有效的安慰。寻求意义是人类大脑的基本功能之一，算是一种相当普遍的心理需求。

人脑前扣带皮层可能承担了这个功能。该区域对不确定或未知的事物进行反应，并激活相应的紧张情绪。有实验表明，让实验志愿者先阅读一段说明宇宙运行必须遵循统一的法则的哲理性文字（这段话可能不太通俗易懂），然后再让他们完成困难的任务或听取出乎意料的答案，他们的反应相对不那么紧张（比如前扣带皮层的激活程度并不高）。可见，赋予某种意义能平息人的焦虑并在此基础上给人安慰。

如果稍微探讨一下鼓励机制就能明白，赋予不幸或痛苦某种意义能减弱痛苦并让人更容易接受合乎情理的内心叙事，例如，"是这个原因，才引发了这件事"。个中关键在于这番感想能安抚人，鼓励人继续生活和奋斗。

不过，这类关于意义的内心叙事最好是内源性的，即来自人本身；而不该是外源性的，即由外部强加或在错误的时机、由错误的人说出来。"错误的人"是指安慰者认为不配进行安慰的或者不愿对其敞开心怀谈论痛苦的人。

采取的方向

我更喜欢另一种做法，即视这个意义为一种方向（"我要朝哪里努力"）而非一种含意（"这一切都意味着什么"）。也就是说，不要寻觅逆境的由来，而是探寻它的后果。既然我经受着考验，我将赋予我的生命何种意义？在我们的行动和对"遭到颠覆"的力量的重组中，安慰会油然而生。在大病或事故之后，人们可以重新品味险些失去的生活，在哀悼亲人之后，人们可以继续或投入对逝者来说具有意义的事业中。因此，不少失去孩子的父母会成立基金会或协会，或者开始担任义工。无论如何，重要的是我们需要等待不幸变得稍可忍受一些再看看结果如何，看看经受了这一切之后的心态如何（当然它会不同于过往），只有在那个时候，我们才能再开始决定是否寻找意义所在……

这个意义也是协调一切的纽带。人生有时就是一幅拼图，各种互不相关甚至矛盾的部分组合在一起：生存的恐惧和渴望、美好和困难，一切都毫无章法地搅和在一起。不幸会造成更大的混乱，而梳理工作肯定能减轻焦虑的情绪。

对哀悼中的朋友的安慰

我的一个朋友奥古斯丁告诉我，他几年前失去了一位同事保罗。在他们共事期间，他们的关系很亲密。可是，两人在退休前夕为了一点鸡毛蒜皮的小事吵架并疏远了。某天，奥古斯丁得知保罗患了癌症，将不久于人世。他试图接近保罗，可是后者礼貌地疏远了他，不愿真正地重新修复友情。奥古斯丁对此感到忧伤，在保罗去世之后则更加难受。

奥古斯丁的妻子和朋友试图安慰他，和他说起当年和保罗的冲突，以及后者强硬的言辞和行为甚至不太光彩的态度。然而，这根本无法安慰他。幸运的是，他们的两位较为年轻的旧同事猜到了他痛苦的原因并感受到了他的需要。这两位旧同事给他写信鼓舞他，说起他们刚到公司时，奥古斯丁和保罗之间的友谊是如何启迪了他们，而且这份友谊在他们看来多么美好和深厚。这正是奥古斯丁希望听到的真诚之言。能够安慰他的并非对保罗哪怕是正确的批评，而是保罗的优点，以及他们曾经的深情厚谊。这个道理在于，批评的言辞想表明奥古斯丁的悲伤毫无理由，而对两人友谊的回顾却允许并安抚了他的悲伤。允许悲伤并通过引起温柔而非苦涩的情绪去安抚它，这是极好的安慰组合。对奥古斯丁来说，这重新赋予了他们的友谊某种意义：这并不仅是两者职业才干的结合，还是两个彼此欣赏并相互成就的人的相遇。

因此，在安慰离婚的亲人时，批评前任伴侣经常是愚蠢冒失的做法。也许安慰的第一步反而是承认他们之间最初存在的爱情，提一提他们共同经历的而如今不再的美好事情……

命运和意义是种自我叙事

相信命运和认为某些不幸具有意义之间的共同点是，两种情况都在建立一种自我叙事。

哲学家保罗·利科提出了"叙事身份"的理论，即每个人和自身的关系经常建立在某种叙事上。每个人自己都在书写自己的生活故事，至少是通过思想，将因果关系多重、偶发或无法确定的各种事件组织成连贯并有条理的一种叙事。[124] 而在叙事身份的"我自己来讲述的个人身份"这个部分，人们会借助命运（对偶然进行合理描述）和意义（对个人选择进行合理描述）两种方法，这会令人感到慰藉。这说明，即使是对成年人——这些长得太快的孩子来说，他们也需要给自己编个故事……

在接受命运的情况下，这是一种安抚性的自我叙事：某些事件（例如孩子的疾病、家中遭受火灾）并不取决于个人、个人的能力或努力，因此感到内疚是于事无补的。不过，它们的出现也并非毫无根据，无须对此战战兢兢。

在探寻不幸的意义的情况下，这是一种几乎相反的自我叙事：某些负面事件（例如患上疾病、职业挫折、离婚或分手）中至少有一部分原因在于个人，是个人的选择和行为所致。它们的出现意味着有个地方出了差错，因此，这既非毫无逻辑也并非不公平，而是传递了一个信息：假如当事人更清醒或更理智一些，他也许会加以考虑并相应调整生活方式，但由于他没有这么做，磨难就来给他提个醒。给我们一个教训让我们调整未来的行动，或许就是负面事件的意义，毕竟我们尚有时间来采取行动。

取决于我

这是我的一位女性朋友的故事。她在几年前度过了一段艰难时期，先是丈夫和她分手，随后她母亲去世了。她得了抑郁症，经过了一些心理辅导。在这之后，用她自己的话来说，她当时"病治好了，人却迷失了"。她姐姐送给她一本小书《爱比克泰德手册》，它属于她收到的名为"取决于我们"的口袋丛书之一。[125] 爱比克泰德是一位斯多葛学派的古代哲学家，而斯多葛学派是教授如何面对逆境的一种难得的理论流派。我的朋友记住了其中最主要的内容："接受你无法决定的事情，做好你能决定的事情。"后来，她这么对我说："我明白了我的离婚并非出自偶然，我丈夫可能不适合我，但我们显然也不足够努力。最终，我们的分手是有意义的，也是件好事。它将我们从既难以维持也无法修复的关系中解脱出来，令我们重新开始生活，并且让我们多少对夫妻生活增长了点经验。我也明白母亲的去世并非天降横祸，而是遵循自然规律发生的，即便它令人十分痛苦。父母早于子女离开人世，是再正常不过的。这份领悟未必会使我不再伤心，但能帮我不至于过分悲伤。这种理解个人遭遇的方式缓解了我的痛苦，切实安慰了我，帮我翻过人生中灰暗的一页并设想未来。令我惊叹的是，爱比克泰德的这些话已经写出来将近 2000 年了，然而还是如此正确！"

第 七 章

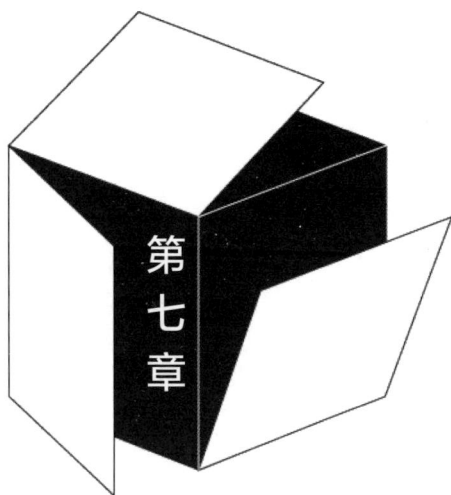

不幸和安慰的遗赠

如果没有疾病的折磨，身处不幸的伴侣面对死亡时的体验可能会截然不同。许多伴侣可能从来没有这类体验。不幸带有某种不寻常的神秘，因为它给人带来的是顺利的人生不会提供的东西。

爱情和死亡

一位数年前治疗过严重社交恐惧症的年轻人再次来见我并谈起了他的近况。起初，他跟我说，他的状况好多了（这令我高兴），这次来是想和我谈谈数月前他生活中发生的一件大事。这件事折磨着他，尽管他目前还能忍受，但是他担心自己有一天会崩溃。他迟迟不说事情的究竟，而我突然发现，他并没有像他所说的或我所想的那么平静，他的嘴唇不为人察觉地颤抖着，眼眶湿润。原来，他妻子去世了，而她是他在患难时的巨大支持，甚至可能是唯一的人生支持。他花了很长时间来描述她的去世：一

切都很迅速，短短数月内她就被确诊身患重病，于是他停下所有
的事待在她身边，尽可能地陪伴她。他告诉我："这是一段极其
困难的时期，死亡步步逼近，一天天地成为越来越具体的现实。
真实的死亡不是一种形象或一种对它的恐惧，而是肉体的死亡，
病痛连绵不断，身体逐渐衰弱，日常起居的每个步骤都变得复
杂，所有的力量和自主能力都丧失了。但它也造成一个看来极其
矛盾的现象，那就是我俩从未如此幸福，从未如此相爱。在过去
的几周内，我们交谈并互相鼓励，前所未有地感到我们的关系和
联系我们的爱情是如此强大。我们在死亡面前获得了从未有过的
强烈的生的感觉。这至少是我们从未体验过、从未感受过并说出
来的强烈感觉。"这仿佛是死亡这个最大的不幸和爱情这个最深
的安慰融合成了一体。这位来访者不知道如何对待这份刻骨铭心
的经历，他担心自己尽管从中汲取了巨大的力量，却会有一天支
撑不住……

不幸会令我们更加强大吗

　　经受过的考验总会让人有所改变。那么，人会因此变得更老练、更坚强、更成熟吗？

　　这个观点自古希腊以来就存在。悲剧作家埃斯库罗斯曾经说过"Pathei mathos"，意即"智慧来自痛苦的煎熬"。[126] 尼采更是有一句耳熟能详的名言："那些不能杀死我们的，令我们更强大。"我记得我的来访者都不喜欢这句格言，这是因为假如不幸没有摧毁他们，它并未令他们更强大，反而令他们更脆弱、更震惊、更受伤害、更加忧虑和弱不禁风。还有的人为自己不能因此变得更强大而耿耿于怀。此外，当尼采在《偶像的黄昏》一书中谈到这个问题时，他事实上是这么写的："那些不能杀死我的，令我更强大。"[127] 他说的只是他自己和寥寥可数的佼佼者而已。

　　话说回来，这个说法指的是一种在压力之下获得的智慧，只有不幸的遭遇才有这份力量，在人并不情愿的情况下迫使人改变。的确如此，不幸有时会是一种行之有效的约束或产出丰富

的逆境。法国思想家西蒙娜·韦伊指出，不幸的优点在于迫使
人直面现实："不幸迫使人承认原来以为不可能的事是真实存在
的。"[128] 不过，这个"真实存在"经常也是一种失去生机的痛苦
状态。

如果不幸带来的考验能教会人一件事，那就是无须将生活建
立在"坚强"二字之上（诸如"做人要强大，表现要坚强"），因
为这是一种假想的坚强，它常常在稍大些的挫折面前就变得不堪
一击。我们当然需要坚强，但更需要爱，无论这个"爱"是指一
种韧性、一种斗志，还是一种活下去的愿望。简单地说，收到或
给予的、准备接受或给予的爱才是丰富的生存之源。应对考验的
真正力量是爱和它所带来的安慰。

那些不能杀死我们的，会令我们更强大吗

那些不能杀死我们的，有时会令我们更脆弱、更悲伤、更沮
丧。我们不再相信幸福，因为它遇到重大的挫折就消失不见了。

那些不能杀死我们的，有时会令我们更清醒：透过泪水，世
界能被看得更清楚？或许是吧。当快乐重新回归时，对悲伤的回
忆能提供给人一种更准确的视角：因为曾经患难，所以更能体会
幸福。于是，我们不再脱离事实本身而无故觉得自己极其不幸，
从而不再错过幸福的机会。

最后，那些不能杀死我们的有时令人更能经受考验，具备更强的痛苦防御能力。只不过，这层防御会隔绝心灵，令心灵贫瘠，因为它在阻隔不幸的同时也妨碍了幸福的进入，而且杜绝了感情流露。

在不幸中历练成熟并非易事

真正能够因不幸变得强大的人，要么付出了巨大的努力，要么是在自欺欺人！这与我们和衰老的关系以及因衰老而寻求慰藉的方式有些类似。我们可以持一种哲学态度对待它，寻找积极的方面，考虑如何更好地接受它，不过，假设可以让人年轻十或二十岁，谁会拒绝？同理，谁会拒绝回到不幸发生前的时刻？谁会拒绝避免不幸的发生或改变不幸的进程？可惜的是，生命不会征求我们的意见。

如果不幸不能令我们更强大，它能令我们更幸福吗？我觉得有可能。因为不幸的经历经常通过安慰的途径来提醒我们幸福的必要性、滋味和价值。不过，了解幸福的可贵并不意味着知道如何在生命中接纳它或促成它。有时，苦难会使人认为幸福是种自己无权得到的福分。

在逆境过后如何重新追寻幸福很重要，因为改变我们的不仅有考验，还有我们是否得到安慰及其方式。

下文我们会谈到所谓的"创伤后成长"，我们会发现不幸遭遇后的积极改变完全不是自然发生的，只不过是可能发生的事。这条道理不能被硬性灌输给处于痛苦中的人，而应由他们自己去发现，特别是亲自去完成。

最终的重要问题是：不幸和安慰会留下某种遗赠吗？遗产不是人主动选择去接受的东西，通常是在死亡、离去、丧失和痛苦事件之后获得的。不幸和逆境，连同随后而来的安慰，给人留下了一份"遗赠"，它的内涵比"经验"或（更不恰当的用词）"机遇"更丰富。不幸和安慰留下的东西如同一份遗赠，它混合了悲伤和财富，由我们在有时间和精力时进行筛选。

症状缓解期

一位女性来访者和我讲述了她一次手术前的就诊经历。"麻醉师忙得不可开交，工作能力可能也一般，因为患者太多而她的时间不够，她和我的交流非常草率。她只是量了我的血压，问了一系列常规问题来核实我是否能做手术。在这期间，我告诉她自己得过癌症。她询问我病的名称、时间和治疗方案，然后一边低头记录一边大声说'嗯，那就是癌症缓解期'。她没注意到我脸色发白，神情不自在，因为她根本没有看我一眼，她表现得毫不在乎。我推测'缓解期'一词对她来说是件好事，可对我来说完全不是这样的。她为何不能在病历上写'癌症康复'呢？由于她看来很忙而且医术一般，心理学方面的知识更是为零，我宁可不浪费时间去问她或发表意见。但是，我心里很不舒服，因为我不喜欢'缓解期'这个说法，它叫人害怕，对患者来说多少意味着癌症可能卷土重来。幸运的是，一位朋友陪我去就诊。在这之后，我们一起去看电影。她安慰我，提醒我应该听取的是癌症专家的意见，而非这位繁忙的麻醉师的想法。癌症专家曾经告诉我，治疗结束五年后，我就不再处于缓解期（缓解期的病症复发风险很大），而是处于康复期（病症复发的风险和正常人一样）。"随后，她提起伍迪·艾伦的妙句"生命是一种通过性传播的致命疾病"来逗我发笑。最后，她说了下面几句简单的话来安慰我："归根结底，大家都处于缓解期，只是有的人知道，比如你；有的人不知道，比如那些从未生过病或还未得病的人。你现在明白了，知道如何小心谨慎地在疾病的提醒下生活。你会将生活中的点滴幸福视作对昔日不幸的宝贵安慰，并因为将来可能出现的不幸而提前品味和珍惜它们。其他人却对此一无所知，既看不到威胁，也看不到平安活着是多么幸运。你虽然没有事先选择，但是你活得比他们要好。"我渐渐放松下来，呼吸也顺畅了，我发现倾听朋友说话令我舒服了一些，原来的怀疑和担心也减轻了。在我身边，一切未变，但我内心，感到了抚慰。

不幸可能带来的三类遗赠

从被迫性的情感分离到清醒的情感依恋

依恋是人类的一种正常且必要的心理现象，我们在上文提到了几条相关的规律。儿童首先要在适宜的条件下对担当父母角色者产生依恋，随后在成长中逐步远离这种关系，特别是在其成年人时期，要去创建新的并且不具有束缚性的依恋关系。依恋关系中，有些（例如家庭）是稳定的，有些（例如人际交往）是会变化的。所有的远离未必就是分离，感情联系并不（或者不应该）意味着身体上必须接近。

依恋既是一种幸福感的来源，也是一种痛苦的来源。这种依恋可能会过分执着，比如焦虑型依恋的人总害怕远离、被遗弃或丧失。如果人们突然失去了依恋对象，如果逆境或哀悼事件夺走了某个人或改变了某种环境，这就成为一种突发的、必须承受的、痛苦的分离关系。我们已经见到，几乎所有降临在我们头上的不幸都可以被视作一种分离，因为它们总是造成并非自愿的丧失（如关系、财产、理想等）。

依恋美好的人和事，拥抱自己所爱，这是正常的，至少是一种天生的自然反应。可惜的是，有一天人们会失去所依恋的人和事，这也是正常的。在人的一生中，所有依恋关系迟早都会解除或松懈，我们能对此预先准备吗？

我们知道，解决方案并非永远不去依恋任何事物（这个策略有效但毫无益处），而是以清醒的意识去依恋，就像人们在提及饮酒时常说的"要有节制"。有些人认为依恋是痛苦的来源，鼓励人们心无依恋。这里的正确用词可能是"不要牵挂"，而非"不要依恋"，"牵挂"是指在依恋关系中无法接受也无法忍受行动的自由。所以，与其说"心无依恋"，我更倾向于"有分寸地或清醒地依恋"，也就是说不纠缠地爱并欣赏着，享受生活并多少带点遗憾地接受最后的死亡结局。

依恋而不纠缠

如何做到心无焦虑地依恋并接受一切都可能会结束呢？我们对人、物品、地点、乐趣、喜欢的活动的依恋之情，完全符合人的生存状态，而且因为无法保证其持久性，我们总想尽情享受它们。这就是现世哲学和"把握当下"说法的由来，这是一种谨慎的预支行为、一种提前的安慰。实行清醒的依恋模式从来都不是简单的决定，而是一种持续的修行和经常性的节制行为，例如每天做到放弃一些小事情、小物品、小习惯、小执念等，允许自己改变主意、犯错，允许自己处理或赠送不再有实际用途的物品，让所爱的人离开我们去生活，去拥有其他朋友、其他爱好和依恋关系……

我们要反复提醒自己，生命在某种程度上就是一系列的考验、悲伤和丧失，同时也是一连串的欢乐、幸福和幸运。我们对待前者的态度会影响我们接纳后者的方式。所以我们要关注不幸，重视安慰、自我安慰和集体安慰（例如葬礼）。比如在集体安慰的情况下，每个人都很难过，大家彼此安慰。安慰是对生命强加于人的分离痛苦的一剂良药。

本质的并非物质化的

我们借助积攒各种物品、人际关系、回忆和执念来保护自己。如果不加注意，我们在衰老的过程中还会出于忧虑和惯性来累积更多东西。所有这些东西不但无法安慰我们逝去的岁月，而且会加重我们的负担。法国上流社会人士罗贝尔·孟德斯鸠曾于1893 年寄给普鲁斯特他的照片并附上自己的一句诗："我是浮华之物的君主。"[129] 这句诗的措辞很漂亮，毋庸置疑，我们都是各自生活中微不足道且转瞬即逝的一切事物的"君主"。既然这些事物和人一样转瞬即逝，对此心无牵挂当然是唯一可能的生活哲学。不幸以它粗暴的方式使人明白：拥有财富或名利都不能让人免遭不幸。每次失败和痛苦的经历应该能帮助我们和所拥有的一切保持距离，时刻记住将亲密的感情联系和安慰放在中心位置，因为只有爱才是永恒的……

两段关于生命末期和对物质依恋的故事

物质不是通过对其拥有或积攒而是通过对它们的使用来安慰我们的。它们是来解放我们的，而不是来奴役我们的。当人的生命走到末期时，我在自己身边的老人中见到了两种截然相反的态度。一位是特别担心自己尚未完全享受生活就离开人世的老太太。她将晚年视作一种赛跑，应该追回年轻时未曾享受的幸福时光。她的想法并非毫无道理，因为她的一生常常不太愉快。于是，她将一切寄托在物品上，不停地购买并囤积东西。她还染上了偷窃无用之物的癖好，比如顺手拿走咖啡店的小勺、饭店的玻璃杯、小酒馆的茶杯，她有时甚至会挖出街边或公园里的花草。她年龄越大，越焦虑和吝啬。她去世后留下了一片狼藉，关于遗产分配问题什么也没有做，行政手续一团乱麻。而另一位老先生，他在感到最后时刻将要来临时表现得非常淡定：清空住所

的杂物，赠送所有的书籍和尽量多的物品，这样不会给别人造成
负担；提前筹备自己的葬礼并办理遗产手续，这样让他的妻儿轻
松一些。他告诉我，这是为了能够专心完成最重要的任务，即准
备好离开人世，和先人团聚。在他弥留之际，他请我朗诵关于威
廉·马歇尔的精彩描述。他想从这位被其同时代的人视作自古以
来最伟大的骑士[130]在其生命末期分配财产并向亲人传达遗愿的故
事中汲取勇气。

我想起了一位意大利朋友为我们这群老朋友讲述的一个哲理
小故事。两个孩子，一个富裕，一个贫穷，他们是朋友。两人站
在山上眺望景色，于是，富人之子说道："有一天，我父亲带我
来到这里并对我说'看吧，我的孩子，这些将来都是你的'。"他
贫穷的朋友回答说："啊，我也是！有一天，我父亲带我来到这
里并对我说'看吧，我的孩子，欣赏这一切吧'。"听众沉默了片
刻，等待故事最后的结语，然后，大家明白了此处的戛然而止正
是故事的结尾和它要传达的内涵。这份惊讶之情及随后而来的愉
悦感觉，连同对故事哲理的领悟促使我们去思考：究竟什么才是
本质的东西，欣赏是否比拥有更好呢？

怀旧心情中的依恋和超脱

"不要因为结束而哭泣，而要因为经历过而微笑。"这就是怀
旧心情的真谛，幸福与悲伤交织，甜蜜而又苦涩。

怀旧心情在人们依恋和超脱的行为之后深藏的各类情绪中占据首要位置，是一种抚慰性的情绪。

怀旧是与超脱完全相反，还是超脱的化身，还是一个经常用来提高个人依恋和超脱能力的机会？乍一看，怀旧可以令人逃避到昔日带来的安慰中，因此是对过去的某种依恋，但事实更复杂一些。有研究表明，怀旧心情中存在修复和安抚的一面，然而，这不属于对昔日的依恋，而是从昔日已逝的伤感中产生的一种超脱情绪。当然，这也有一些前提条件，因为怀旧如同某种艺术。能够安慰眼前困难的怀旧方式，应该是选择性地回忆昔日的美好时光（因为重新回想它们令人愉快）并采用合适的方式对待它们。尽管往事已经过去，但人们对曾经的经历依旧心存喜悦，在这种情况下，怀旧是成功地和往日脱离并觉得幸福。

怀旧还有其他诸多作用，比如从昔日重温中得到鼓励，正视过去的一切，在数年后再度体会当时的强烈感受，等等。古斯塔夫·蒂蓬这样写道："遥远的记忆比当下更为栩栩如生，人生中最微小的细节在当时看来无足轻重，但在脱离时间和当时情形的束缚之后，突然带有了某种神秘而重要的意义。迟来的激情被这个告别的行为唤醒，汇入生命的源泉，让人深刻地体验到当时只是浅尝辄止的感受。"[131] 这位哲学家通过寥寥数语表达出人们如何在回忆和怀旧之情的推动下体会到至今未有的某种强烈感受。

约瑟夫·凯塞尔在他的一本书中这样描述一位老人（可能就

是年迈的他自己）："对他来说，现在的生活就是回忆，他反复把玩各种回忆。"[132] 随着年岁渐长，重新回忆过去与其说是逃避老死的念头，不如说是提前进行自我安慰。我记得一位上了年纪的来访者曾经说："年轻时我有各种向往，而如今，我拥有了过去。"他想表达的是，人们在老年时可以唤起分散的回忆并将其组织成一段完整的故事。这段完整的故事里蕴藏了安慰的力量。年轻人的现在向未来敞开，老年人的现在转向了过去。对未来的不确定和焦虑越强烈，人们越需要过去带来的确定感和安全感。假如我们和过去保持一种幸福的联系，我们在心理上也许能更好地准备离开这个世界。

但愿你的生命令世界更美好

有一天，我收到了过去的一位实习心理医生的来信。她告诉我，她喜获一对双胞胎："亲爱的克里斯托夫，我的两位小天使降临人间！他们一切都好，我们也很好。但愿他俩的生命能令世界更美好。我拥抱你，再见。"我想到这两个小人儿也许会像他们的母亲希望的那样令世界更美好，心里便充满了难以言喻的快乐。如何解释我在这一刻对地球未来怀有的重重忧虑都在这份喜悦中得到了安慰？或许是因为这份情绪令我相信，当我离开这个世界而这两个孩子还在世上时，世界在他们这一代人的努力下可能会变得更加美好。这个脆弱而不确定的假想在母爱的支撑下，向我讲述了一个触动心弦而又安慰人心的美丽故事。

超脱的心境最终是种减负

我再次想起一位多次陪同我们徒步旅行的高山导游。每次他在出发前检查我们的背包时，都会叫我们减掉背包原有负重的一半。他说："旅途的舒适完全取决于背包是否轻便。高山徒步不是图舒服，而是去体验一种更强烈的东西——对自然的赞叹！"他说得对，我们必须不停地减负，才能达到思想和行动上的无拘无束。不过，这份自由也要求人的努力和警惕。为此，我们应该对所有的依恋和执念（包括不断产生的精神依恋）保持一种平和但严格的警惕性。

"创伤后成长"存在吗

1987 年，一艘往返于英国和比利时两国之间的渡轮沉没了，193 名乘客不幸溺毙。一支由心理学家和研究人员组成的队伍负责对三百余名幸存者进行心理建设。他们辅导了具有创伤后应激障碍症状的人士，但是发现超过 40% 的人不具备此类症状。不仅如此，这些人认为这次的不幸事件从积极的角度改变了他们的世界观和人生哲学，令他们变得更加珍惜生命赋予的机会，感觉更

幸福了，和亲人相处得也更和睦了。[133] 这些研究工作又一次引发
了对创伤造成的心理影响的研究热潮。在对创伤后应激反应和后
遗症状的研究及创伤后心理重建和适应的研究之后，人们开始了
对"创伤后成长"的研究。

创伤后成长是指人们可能借助一段创伤经历获得积极成长并
超越自己，生活过得比经历创伤前更好。创伤后重建过程一般包
括三个阶段。

- 幸存（仍处于创伤事件的后续影响中，身处其中但未
  沉沦）。

- 重新开始生活（这是人们所称的适应阶段，创伤事件已成
  为过去）。

- 生活质量提高（将创伤事件加入个人叙事并从中获益）。

这个现象是种鼓舞人心的谎言还是确凿的事实？实际上，大
量研究 [134] 倾向于指出，对相当可观的一部分人来说，这是现实情
况。只不过，要使不幸遭遇成为一段可贵的经历而非一起创伤事
件，当事人需要具备部分特定的条件，必须具备一定的个人素质
和人际关系资源（其中就包括了能提供安慰和自我安慰的能量）。
在创伤过后的艰辛旅途上，安慰如同伸出的援手，在每个悲伤时
刻擦干我们的眼泪，将我们从深渊里拉出来，引导我们前行，在
我们摔倒时扶一把。安慰教人耐心，教人更加宽容地对待心理重

建的缓慢进展并善待我们自己。安慰如同人迷失时的指南针，让人寄托于他人、他人的话语和建议、他人的关爱。

萧沆不是一个梦想家，他强调："任何痛苦在思想层面都是一种机遇，不过仅限于思想层面。"[135] 我认为，这句话不能理解为对创伤后成长概念的否定，而是告诫我们要通过寻找正确的方向来实现它。简单地说，我们在生活中经常通过物质带来的具体安抚来寻求精神上的安宁。如果痛苦过于强烈，我们会为了幸存下来而努力挣扎，停留在物质的安适中重建安全感，而精神方面的需要则会退居次要地位。然而，当不幸的风暴（如哀悼期间、令人心碎的丧失过程或无法呼吸的失落情绪等）停歇下来后，真正的支持和帮助来自非物质层面，比如爱的感情、精神活动、抚慰人的幻象等上述提到的无法把握且脆弱的一切。

为了理解创伤后成长，我们还需要了解一种心理状态从开始到结束所遵循的规律。哀悼和不幸事件经常突然发生，方式粗暴但容易识别，而幸福的再生却是模糊而缓慢的。因此，如果人们不相信幸福是可能再来的，如果人们不去呵护这份幸福或专心地培养它，幸福的再生会很缓慢，人会困在逆境中相当长的时间。不幸却没有这份脆弱性和苛求，即使我们不去刻意设想或不加以注意，它也会强加于人。这正是摔倒容易而起身却艰难的原因。灾难巨大而猛烈，它会突然降临，而幸福脆弱且不确定，只会缓慢地回归。

经历苦难的人起初常常会有种苦涩的觉悟，他宁可对幸福的脆弱一无所知，因为他现在知道许多人生目标其实不堪一击，而且人们过于频繁地停留在真相表面，对人类境遇的脆弱性及丰富性这两者表现出双重无知。经过苦难的人明白自己在不自觉和不经意之间将人生过得平淡、肤浅而庸俗，如今在劫难之后，这种生活方式不再吸引他们了。他不愿再重复这样的生活，不想再重拾消遣人心但毫无意义的活动。有时候，他们会发现必须改变整个人生或人生态度，因为他们发现了令人贫瘠的平淡与令人丰富的平淡之间的区别。在幸免于难或经历亲人去世的人眼中，一切都不再是微不足道的了。只有明白了人生是由一连串简单的奇迹构成的这条道理，人们才能从他经受的考验中增长见识。这是痛苦唯一而伟大的优点，让人看到不再痛苦以后会有的幸福。比如，牙疼是会结束的，因为病牙或得到医治或掉落下来，这个依序发生的事实教会我们的道理胜过了关于痛苦的哲学或心理学方面的长篇大论。对有些有识之士来说，这简单得不像话，但我却对这条世人皆宜的道理感到欢喜。正如法国作家纪德所说："亲身经历比他人的建议更能有效地教导人。"[136] 穿越了地狱的人会毫无畏惧地展望未来，因为他们看到的是留下来的生，而非终将来临的死。面对并接受发生的一切，然后品味值得品味的一切，这句箴言在数世纪后的今天仍旧存在现实意义。

安慰可能留下的三份遗赠

相互依存的启示以及它的核心：感恩

记者伊丽莎白·奎因在描述她突然患上青光眼疾的著作《夜色散去》的结尾引用了一句电影台词："我总是相信陌生人的善意。"[137] 她强调，这可以作为视障人士的座右铭，她随后也成为其中一员。这句话完全可以成为所有人的座右铭，因为我们都是脆弱的，也是相信他人的。

相互依存既是一种现实，也是一种理想。说它是种现实，因为如果没有他人，谁都无法生存或快乐；说它是种理想，因为一旦理解并接受了上述现实，相互依存就不是一种威胁（比如"没有了他人，我一无是处"），而是一种幸运（比如"多亏了他人，我生活得更好"）和一种目标（比如愉快而不求回报地拓展各种联系，进行各种交流和相互支持等）。

在我们身处不幸之中时，是相互依存的关系通过他人对我们

的关爱将我们从中拯救出来。相互依存的真谛在于："一个人走
得更快，但一群人走得更远。"我们还可以补充一句："有一群人
时，每次摔倒都能更好地站起来。"他人给予的安慰带给我们的
好处充分表明，有些东西是我们无法完全提供给自己的。

相互依存关系的精髓是感恩之心，是意识到我们从他人那里
得到的一切并为此感到庆幸。在每个幸福或成功的时刻，我们想
到是他人帮助我们做到这一步并为此在思想和感情上感谢他们，
可能的话，我们也要用语言具体地表示感激。感恩的心情让人明
白，无论过去还是现在，个人生活都只有在他人的贡献之下才会
变得更好，并且它只能依靠相互依存的关系继续下去。

在不幸事件中常见的是，感恩的心情产生于第二阶段，在人
受到安慰后很长一段时间才会出现。这是因为当人沉浸于痛苦不
能自拔时，他无法立刻想到对伸出援手提供救助的人道谢，他首
先需要的是恢复和振作。这无关紧要。积极心理学告诉我们，感
恩的心情也是需要通过一些小小的练习进行后期培养的。这些练
习看来很简单：每天晚上临睡前，回想一下当天收获的积极的地
方，比如他人的微笑、建议、帮助等。大量研究证明这个方法行
之有效。[138]

我很喜欢这类当时看来什么也不会改变的练习（这些临睡前
的思想活动能改变什么东西？）它们只是帮助人改变一种生活的
态度，而众所周知，生活态度有时能改变一切。

对相互依存关系的认识是种宝贵的财富，但对其存在及重要性的认识，人们常常更容易在磨难之后获得。我们在艰难时刻收到的援助和安慰证明了这点何等重要。时刻保持感恩之心，是一种体会、培养并壮大相互依存关系的方法，教人懂得如何去安慰他人并在自己需要时接纳他人的安慰。

赞美之心

哲学经常教诲我们，为了认识真正的幸福，我们可能需要经历磨难或明白生命中的磨难是随时存在的。不过，苦难并非了解生命真谛的唯一机会，人生考验也不是撕开现实中的幻象的唯一办法。我们与其去指望通过创伤后成长的历程来重新发现生命的意义，还不如尝试另一条途径，那就是"创伤前成长"，将令人不爽的尼采名言"那些不能杀死我们的"换成另一种说法，即"你因为幸运变得更强大，而不是因为苦难变得更强大。"

要做到这点，我们要能够在生活中欢笑和哭泣，为各种激情和艰难时刻而动容。如同下面这个故事："一位老妇人头脑不清了，但记忆尚存。她以为她的丈夫是她的父亲，像个 15 岁的少女一般和他说话。而她的丈夫对此兴趣盎然，听她没完没了地讲述中学里的琐事、她的伙伴、她的初恋等，因此他发现了昔日的妻子。" [139]

在这个方面，我们的长辈常常是难得的充满赞美之心的人。从前，我觉得他们有点愚蠢，缺乏清醒的头脑；而现在，我认为他们是相当明智而且意识清醒的人。这份清醒不是"斗士的"清醒，而是"智者的"清醒。

作家凯塞尔充满了赞美之心，他临终前正在看关于洞穴探秘的电视节目，他的最后一句话是："多么神奇啊！"[140]

有位朋友曾经对我不无赞叹地说："幸福给了我一个响亮的巴掌。"这是因为性格郁闷的他刚刚有了孩子。孩子的诞生将他丢进了另一个欢乐而神奇的世界。他处在和创伤后应激相似的机制下，但效果完全相反，因为这是罕有的幸福的冲击，它如此突然却又不容置疑。

我的岳父皮埃尔也充满了赞美之心。他在一个硬纸质的文件夹里精心收藏了各种幸福事件的剪报，如科技进步、和平协议、各种正面的世界新闻等；他也在其中记下各类私人事件、家庭成员和好或其他好消息、各种动人的时刻等。在这本集锦的封面，他写上"让我赞叹的一切"。他就像悲观主义者研究各种令人不安的蛛丝马迹一样，花了大量的精力来栽培他的这份老式的幸福论。

在我逐渐明白人生就是"受苦、受苦、受苦并最后死去"这个道理后，我也明白了可以采取两种方式来度过它，那就是受难者的方式和赞美者的方式。第二种方式不仅比第一种更加明智，也更有意义。

赞美人生的人从未被其伤害过吗？当然不是。但是他们很快就能自我安慰，因为他们很快就修复了自己心理免疫能力，因为他们每天都得到赞美之心的滋养。他们认为："无论发生了什么都毫无遗憾，因为这段人生将会是美好、快乐和有趣的。"每个快乐的瞬间对他们来说都是对过去和将来可能发生的悲伤的安慰。怀有赞美之心的人具有超脱的心怀，他们总是因为将来会遇到的逆境和不幸预先受到了鼓舞，他们总在留心当下的幸福和美好，而非对从前的、失去的、消失的或错过的幸福和美好念念不忘。

接受伤痕并珍惜它们

我们可能会对经历磨难感到遗憾，因为它们造成了伤害，令人脆弱，并摧毁了一部分幻想。那么，我们也应该对活着感到遗憾，因为随着生命流逝，我们变得衰老了！然而生命却是一个自然过程，流逝的时间让人逐渐老去，也让人增长了见识。衰老和增长见识这两个过程不可分割，也许不易察觉，但它们的存在无须人类关注，人的得失也都在进行着。因此，我们要么只关注其中一个过程，要么学会深刻地看待两者。为了安慰我们在岁月流逝和不幸遭遇中失去的，我们应该去关注我们从岁月和生活中收获的。

不久前，我在整理书桌时，失手摔坏了一位图卢兹的女性朋友多年前送给我的一尊年代久远的小石膏像。[141] 石膏像的头部因为冲击断开了，我为雕像和它象征的回忆感到难过，费了九牛二虎之力我才把它重新粘贴好。刚开始，每次看见它的伤痕、胶水的痕迹和石膏上的裂痕，我都有点儿伤感。我之所以强调"有点儿"，是因为生活中毕竟有更多比摔坏东西更严重的事情。不过，大家和我一样都知道人心是怎样的，重新粘补这尊小雕像并没有安慰到我。我想过处理掉它，因为看到一件精美的物品被摔坏了，并每次都难过地对自己说本来可以避免这样的事发生，还不如永远不要见到它，可是我下不了这个决心，于是，我对自己说雕像脖子上的伤痕从此就是它的故事，是它和我之间的故事了。

这样一来，我心里觉得好受了些。随着时间逝去，我尽可能对自己进行的安慰悄悄地起了作用。如今，当我注视仍在书桌上的这尊小雕像时，我就能安然地注视它脖子上的伤痕。这尊雕像在我眼中的形象也变得丰富了，比如对它被摔坏的回忆，我感到的是淡淡伤感和对它的精心修补，加上对那位图卢兹朋友的记忆，以及曾经摆放这尊小雕像的那间屋子的景象等，不一而足。它的遭遇令我时时想到"世事无常"，一切都会毁灭，一切都会消失。我和这尊小雕像的命运都是在将来某一天消失，分解并还原成原子，重归尘土，然后再组成其他东西。

在我心情振奋时，我觉得这尊带着修复裂痕的石膏像和昔日一样美丽，它的伤痕也许让它比完美无缺时更加美丽了。这就像是日本文化中的"金继"①技术。

"金继"技术的意旨在于，当一件因为本身或蕴藏的历史而价值不菲的物品摔坏时，后人必须精心修补，但不应该去刻意掩饰修复的痕迹，相反要让修补的痕迹美观而可见，因为裂痕从此成为物品的一部分了。传统的"金继"技术主要用来修复陶瓷器皿，先用胶水将碎片仔细地粘贴起来，然后刷上一层金粉作为底漆。这样一来，经过修复的物品比摔坏之前更加珍贵，那些用金粉修补的细长裂痕更加渲染了物件本身的美，并讲述了该物件和它的主人的一段共同经历。

我很喜欢这种做法，在如今这个人们随意丢弃老旧或破损东西的年代，这种做法有些令人惊讶，特立独行。我更因为有时感觉遇到的人也带有"金继"的痕迹而更加欣赏这种做法！这类人受到生活的摧残但成功地走出难关，他们对自己的遭遇没有苦涩或怨恨之情，反而积极地成长，重建人生，而且变得更勇敢、更善良、更深刻。

他们将曾经破碎的生活粘贴在了一起，他们哭泣过，也得到过安慰，他们致力于再度热爱生活和他人。他们心头的伤痕被渐

---

① 在中国被称为金缮。——编者注

渐镀上了善意和智慧的金粉。这份智慧是得到抚慰之后的智慧，是人们在历经苦难而依旧渴望拥抱生命的人身上经常会见到的那种智慧。

我的身边常常有这样的人，他们或是因严重事故而身体不便的朋友，或是刚刚走出一段严重抑郁症的朋友，或是辗转住院终于康复的患者。他们都可能会被各自的不幸遭遇摧毁，然而，他们如今的每个微笑都如同金子一般，因为他们都成了"金继"之人。

不要畏惧，看着生命结束

你自幼被赋有的美貌，

在晚年仍维持不变；

岁月如此骄傲地刻画了你的面容，

依旧保存着它的光彩，担心将容光抹去。

不要畏惧，看着生命结束。

愉快地注视镜中的自己。

你的魅力丝毫无损；

岁月的寒冬却是你第二个春天。[142]

诗人弗朗索瓦·梅纳德

于 1638 年致其年轻时期的恋人

（后者嫁给了他人并守寡，而诗人始终爱慕着对方）

一切都未结束……

"Aorasie"一词是希腊人用来形容一位神的出现只有在他消失时才能为人察觉。安慰在最初时就类似 Aorasie，它来自一个词语、一个举动、一句话、一点努力，会让人好受一些。这种舒服的感觉脆弱而多变，持续短短一刻就消失不见，悲伤随即再度涌来。

然而，这短短一刻却给了人一线生机、一份微弱得难以察觉的推动，直到下一次安慰，下一次体验幸福。

鲜少有人会意识到在这安慰的一刻，悲伤或忧虑占据了身处不幸的当事人的全部心神，切断了所有的接收渠道，让人无法察觉那一点点微弱的改善。不过，这没有关系。

随后，人们只有在重新开始生活时才明白发生了什么，才明白他们得到了安慰。

安慰的本质和幸福相同，只不过它处于不幸的阴影之中。当人身处不幸，当任何幸福都显得无济于事、不值一提，甚至具有某种触犯性时，安慰是放开自己，让自己被万物的温柔、人类的温情和世界的壮美所感动。

于是，安慰摇曳的微光给人远远地指出了一条出路，它不易察觉地轻声说道："一切都未结束，只需要一点儿幸福，就能让一切重启。"[143]

安慰的精髓，就是全心全意地相信：一切都未结束，只需要一点儿幸福，就能让一切重启……

法文推荐书目及相关评论

哲学方面的安慰

阿兰·德波顿《哲学的慰藉》

这本书平易近人，生动活泼，讲述了苏格拉底如何安慰不受大众欢迎的自己，伊壁鸠鲁安慰缺钱花的自己，蒙田安慰总是不够好的自己，而叔本华则是安慰自己的屡次失恋，等等。这是一本给人启迪又振奋人心的案头好书！

古人的安慰

波爱修斯《哲学的慰藉》

公元 524 年，在西罗马帝国灭亡 50 年后，狄奥多里克大帝的顾问兼哲学家波爱修斯，失去了君主的宠信。他遭到囚禁、受刑并最终被处死。他在生命的最后阶段写下了这部著作。他在书中想象一位高大、美丽的女子前来拜访，和他交谈并给予了他安慰。这位女子是哲学的化身而且性格强烈。当她来到波爱修斯的身边，发现缪斯们[①]已经在场，正试图用艺术来安慰波爱修斯，她怒气冲冲地说："谁允许这些女戏子来看这个病人的？"因为她能给波爱修斯带来许多安慰，而剩余的时间已经不多了。

普鲁塔克《慰妻书》

正在旅行途中的普鲁塔克在他 4 岁[②]的幼女夭折后，给其妻写信安慰她。他的方式在今人看来不讲人情而且一本正经，但完全符合当时的习俗。而且，如果细读，读者能清楚地体会到普鲁塔克的痛楚心情，以及他希望保留对孩子最美好的记忆的愿望。他在文中说道："因为这个孩子曾经是我们最亲爱的宝贝，她给予了我们最温柔的景象和最动人的音乐，对她的思念应当最为忠实地留在我们的心底。更确切地说，我们应该感到多于悲哀的幸福才是。"

---

① 希腊神话中主司艺术与科学的九位古老文艺女神的总称。——编者注
② 原书为 2 岁，原书疑有误。——编者注

致　谢

感谢卡特琳娜和苏菲的支持和友情。

感谢宝琳、福斯蒂娜、路易丝和塞莱斯特给予的爱。

注　释

1. La Légende des siècles, XXI. «Le Temps présent », Hetzel, 1877.

2. Gustave Thibon, L'Ignorance étoilée, Fayard, 1974, p. 47.

3. André Comte-Sponville, L'Inconsolable et autres impromptus, PUF, 2018, p. 25.

4. Malherbe, Poésies, Gallimard, 1971, p. 49.

5. Vincent Delecroix, Consolation philosophique, Payot & Rivages, 2020, p. 137.

6. Goethe, Faust I et II (1808 et 1832), Flammarion, «GF», 1984, p. 220.

7. Gustave Thibon, L'Illusion féconde, Fayard, 1995, p. 13.

8. Marie Noël, Les Chansons et les Heures (1922), Gallimard, «Poésie/ Gallimard», 1983 («Conseils », p. 54).

9. Ibid. («Attente», p. 44).

10. Épicure, Lettres, maximes et autres textes, Flammarion, «GF», 2011, p.

121 (Sentence vaticane 31).

11. Anne-Dauphine Julliand, Consolation, Les Arènes, 2020, p. 13.

12. Ibid., p. 54.

13. Christophe Fauré, Vivre le deuil au jour le jour, Albin Michel, 2004, p. 234.

14. Film de Terrence Malick (2019).

15. Phrase extraite du roman Middlemarch, de George Eliot (Gallimard, «Folio classique», 2005).

16. Montaigne, Essais, livre III (1588), chapitre 9 («De la vanité»). Édition en français moderne de Claude Pinganaud, Arléa, 2004, p. 681.

17. Titre de l'ouvrage de l'écrivain suédois Stig Dagerman – qui s'est suicidé en 1954 – publié chez Actes Sud en 1993.

18. Érasme, Les Adages, volume 1, adage 2.7, Les Belles Lettres, 2011, p. 48-49.

19. Blog de Jacques Drillon, Les Petits Papiers, n° 66, «Les mots empoisonnés », le 17 juillet 2020.

20. Laure Adler, À ce soir, Gallimard, «Folio», 2002, p. 184.

21. Jean Lacouture, Album Montaigne, Gallimard, «Albums de la Pléiade», 2007, p. 136.

22. Michaël Fœssel, Le Temps de la consolation, Seuil, 2015.

23. Pascal Quignard, La Barque silencieuse, Seuil, 2009, p. 193.

24. Rosa, la vie. Lettres de Rosa Luxemburg. Textes choisis par Anouk Grinberg, Éditions de l'Atelier et France Culture, 2009, lettre du 30

mars 1917, p. 123.

25. Blog de Jacques Drillon, Les Petits papiers, n° 125, «L'espion de l'âge», le 3 septembre 2021.

26. Rosa, la vie , op. cit., lettre du 25 mai 1915, p. 53.

27. Ibid., lettre du 30 mars 1917, p. 123.

28. Frans de Waal, De la réconciliation chez les primates, Flammarion, 1992, p. 66-67.

29. Frans de Waal, Le Bon Singe. Les bases naturelles de la morale, Bayard, 1997, p. 79.

30. Amrisha Vaish et al., «Sympathy through affective perspective-taking, and its relation to prosocial behavior in toddlers », Developmental Psychology, 45(2), 2009, p. 534-543.

31. Delphine Horvilleur, Vivre avec nos morts, Grasset, 2021, p. 80.

32. Albert Camus et René Char, Correspondance 1946- 1959, Gallimard, 2007 (lettre de Camus à Char du 17 septembre 1957).

33. Ibid., lettre de Char à Camus du 2 décembre 1957.

34. Ibid., lettre de Camus à Char en avril 1948.

35. Ibid., lettre de Char à Camus du 22 juin 1947.

36. Gustave Thibon, L'Ignorance étoilée, op. cit., p. 183.

37. Entretien dans le magazine L'Express en 2013 («Christian Bobin: "Nous ne sommes pas obligés d'obéir" », entretien intégral accessible sur le site du journal).

38. Alain, Propos, tome I, Gallimard, «Bibliothèque de la Pléiade», 1956,

Propos du 31 décembre 1911 («Gribouille»), p. 124-125.

39. D'après ma chronique parue en avril 2018 dans la revue Psychologies.

40. Heinrich von Kleist, Récits, Le Promeneur, 2000.

41. Paul Ekman et al., «The Duchenne smile: emotional expression and brain physiology, II », Journal of Personality and Social Psychology, 1990, 58(2), p. 342-353.

42. Anthony Papa et George A. Bonanno, «Smiling in the face of adversity: The interpersonal and intrapersonal functions of smiling», Emotion, 2008, 8(1), p. 1-12.

43. Dacher Keltner et George A. Bonanno, «A study of laughter and dissociation: Distinct correlates of laughter and smiling during bereavement », Journal of Personality and Social Psychology, 1997, 73(4), p. 687-702.

44. Érasme, «De conscribendis epistolis » (1522), ch. 49-50, Exercices de rhétorique [En ligne], «Sur la consolation», n° 9, 2017.

45. Jules Renard, Journal (9 octobre 1897).

46. Cité par André Comte-Sponville dans son ouvrage L'Inconsolable, op. cit., p. 22.

47. Dutramblay, fable «La jeune fille et son chat », citée par Jean-Yves Dournon dans son Grand dictionnaire des citations françaises, L'Archipel, 2002.

48. Vincent Delecroix, Consolation philosophique, op. cit., p. 210.

49. Emmanuel Carrère, Yoga, P.O.L, 2020, p. 135.

50. Cité par Julian Barnes dans Le Perroquet de Flaubert, Stock, 2000, p. 287.

51. Anders Norberg, Marcus Bergsten et Berit Lundman, «A model of consolation», Nursing Ethics, 8(6), 2001, p. 544-553.

52. Anna Söderberg, Fredricka Gilje et Anders Norberg, «Transforming desolation into consolation: The meaning of being in situations of ethical difficulty in intensive care», Nursing Ethics, 6(5), 1999, p. 357-373.

53. Anecdote rapportée par Élisabeth Quin dans son beau récit La nuit se lève (Grasset, 2019, p. 116). Nicolle obtint le Nobel en 1928 pour ses travaux sur le typhus.

54. Delphine Horvilleur, Vivre avec nos morts, op. cit., p. 109.

55. André Comte-Sponville, L'Inconsolable, op. cit., p. 11.

56. George Sand, Lettres d'une vie, Gallimard, «Folio», 2004; George Sand et Gustave Flaubert, Tu aimes trop la littérature, elle te tuera. Correspondance, Le Passeur, 2018.

57. Malherbe, Poésies, op. cit.

58. Plutarque, Consolation à sa femme, Rivages Poche, 2018, p. 33-53.

59. Louis-Ferdinand Céline, Voyage au bout de la nuit (1932), Gallimard, 1952.

60. François-René de Chateaubriand, Mémoires d'outre-tombe (1848-1850), Gallimard, «Quarto», 1997.

61. Victor Hugo, Choses vues (1887-1900), Gallimard, «Folio classique»,

1997.

62. Christian Bobin: Autoportrait au radiateur, Gallimard, «Folio», 1999, p. 21.

63. Marcel Mauss, «Essai sur le don. Forme et raison de l'échange dans les sociétés archaïques », article originalement publié dans L'Année sociologique, seconde série, 1923-1924.

64. Ce récit est inspiré de ma préface au livre L'Autocompassion de Christopher K. Germer, paru aux éditions Odile Jacob en 2013.

65. El Desdichado(1854).

66. In Jacques Attali et Stéphanie Bonvicini, La Consolation, Naïve/France Culture, 2012, p. 139-148.

67. Anne-Dauphine Julliand, Consolation, op. cit., p. 193.

68. Blog de Jacques Drillon, Les Petits Papiers, n° 107, «Le canapé du cyclope», le 30 avril 2021.

69. Stig Dagerman, Notre besoin de consolation est impossible à rassasier (1952), Actes Sud, 1981.

70. Fritz Zorn, Mars, Gallimard, «Folio», 1982, p. 19.

71. Cité par Nancy Huston in Professeurs de désespoir, Arles, Actes Sud, 2004, p. 103.

72. Romain Gary, Pour Sganarelle (1965), Gallimard, «Folio», 2013.

73. Gustave Thibon, L'Ignorance étoilée, op. cit., p. 89.

74. Simon Leys, Les Idées des autres, Plon, 2005, p. 14.

75. Dans sa nouvelle Agnès (autoportrait, publié à la NRF en février 1927).

Cité par Julian Barnes dans L'Homme en rouge, Mercure de France, 2020, p. 202.

76. Barbara Fredrickson, Love 2.0, Marabout, 2014.

77. Henry-David Thoreau, Journal 1837-1861, Terrail, 2005, p. 216.

78. Stig Dagerman, Notre besoin de consolation est impossible à rassasier, op. cit.

79. Cité par Tzvetan Todorov, Face à l'extrême (1991), Seuil, «Points », 1994, p. 99.

80. Sylvain Tesson, Sur les chemins noirs, Gallimard, 2016, p. 16.

81. Etty Hillesum, Une vie bouleversée, Seuil, 1985, p. 158.

82. Rosa, la vie, op. cit.

83. Mathew P. White et al., «Spending at least 120 minutes a week in nature is associated with good health and wellbeing», Scientific Reports, 9(1), n° 7730, 2019.

84. Atul Kumar Goyal et al., «Nature walk decrease the depression by instigating positive mood», Social Health and Behavior, 1(2), 2018, p. 62-66.

85. Hannah Roberts et al., «The effect of short-term exposure to the natural environment on depressive mood: A systematic review and meta-analysis », Environmental Research, vol. 177, 2019.

86. Albert Camus, Noces, «Le Vent à Djemila», in Œuvres complètes, tome I, Gallimard, «Bibliothèque de la Pléiade», 2006, p. 115.

87. Christian Bobin, Ressusciter, Gallimard, «Folio», 2003, p. 87.

88. Louis-René des Forêts, Pas à pas jusqu'au dernier, Mercure de France, 2001, p. 61-62.

89. Les Épistoliers du xviie siècle, Larousse, «Classiques Larousse», 1952, p. 28.

90. Paul T. Williams et al., «The relationship of walking Intensity to total and cause-specific mortality. Results from the National Walkers' Health Study», PLOS One, 8(11), 2013.

91. Jeffery C. Miller, Zlatan Krizan, «Walking facilitates positive affect (even when expecting the opposite) », Emotion, 16(5) 2016, p. 775-785. Et aussi: Jutta Mata et al., «Walk on the bright side: physical activity and affect in major depressive disorder», Journal of Abnormal Psychology, 121(2), 2012, p. 297-308.

92. Cité par David Le Breton, Marcher la vie, Métailié, 2020, p. 123.

93. The Art Newspaper, publié en ligne le 20 janvier 2021.

94. Jacques Attali et Stéphanie Bonvicini, La Consolation, op. cit., p. 10.

95. Alain de Botton et John Armstrong, Art et thérapie, Londres, Phaidon, 2014, p. 64-65 et p. 90.

96. Cité par Julian Barnes dans L'Homme en rouge, op. cit., p. 222.

97. George Sand et Gustave Flaubert, Tu aimes trop la littérature, elle te tuera, op. cit., lettre du 18 et 19 décembre 1875, p. 596-599.

98. Paul Valéry, Œuvres, tome I, Gallimard, «Bibliothèque de la Pléiade», 1957, p. 1422.

99. Raymond A. Mar et Keith Oatley, «The function of fiction is the

abstraction and simulation of social experience», Perspectives on Psychological Science, 2008, 3(3): 173-192. Et aussi: David C. Kidd et Emanuele Castano, «Reading literary fiction improves theory of mind», Science, n° 342, 2013, p. 377-380.

100. Matthew D. Lieberman et al., «Putting feelings into words. Affect labeling disrupts amygdala activity in response to affective stimuli », Psychological Science, 18(5), 2007, p. 421-428.

101. Julian Barnes, Le Perroquet de Flaubert, op. cit., p. 303.

102. Wang Wei, Le Plein du vide, Millemont, Éditions Moundarren, 2008, p. 23.

103. André Comte-Sponville, Dictionnaire philosophique, PUF, 2021 (3e édition).

104. Rosa, la vie, op. cit., p. 177.

105. Paul Valéry, Tel quel (1941), Gallimard, «Folio essais », 1996.

106. Alan R. Harvey, «Links between the neurobiology of oxytocin and human musicality», Frontiers in Human Neuroscience, 2020, volume 14, article 350.

107. Liila Taruffi et Stefan Koelsch, «The paradox of musicevoked sadness : An online survey», PLOS One, 2014, 9(10).

108. Tom F. M. Ter Bogt et al., « "You're not alone" : Music as a source of consolation among adolescents and young adults », Psychology of Music, 2017, 45(2), p. 155-171.

109. Stephen Davies, «Why listen to sad music if it makes one feel sad? »,

in Jenefer Robinson, Music and Meaning, 1997, Ithaca, NY, Cornell University Press, p. 242-253.

110. Entretien dans Le Monde, 16 novembre 2020.

111. Claire Oppert, Le Pansement Schubert, Denoël, 2020.

112. Cioran, Œuvres, Gallimard, «Quarto», 1995, p. 22.

113. Pour une synthèse de ces travaux, voir James W. Pennebaker et Joshua M. Smyth, Écrire pour se soigner. La science et la pratique de l'écriture expressive, Genève, Markus Haller, 2021.

114. Dominique Moncond'huy, Le Tombeau poétique en France, La Licorne, 1994.

115. Rosalie Weigand et Thomas Jacobsen, «Beauty and the busy mind: Occupied working memory resources impair aesthetic experiences in everyday life», PLOS One, 16(3), 2021.

116. Matthew A. Killingsworth et Daniel T. Gilbert, «A wandering mind is an unhappy mind», Science, n° 330, 2010, p. 932.

117. Betul Keles et al., «A systematic review: the influence of social media on depression, anxiety and psychological distress in adolescents », International Journal of Adolescence and Youth, 25(1), 2019, p. 79-93. Voir aussi Jasmine N. Khouja et al., « Is screen time associated with anxiety or depression in young people? Results from a UK birth cohort », BMC Public Health, 19(1), 2019, p. 82.

118. Cité par André Comte-Sponville in L'Inconsolable, op. cit., p. 24.

119. Victor Hugo, extrait du poème «Après avoir souffert » paru dans le

recueil Dernière Gerbe, publié à titre posthume, en 1902 chez Calmann-Lévy.

120. Christian Bobin, Autoportrait au radiateur, op. cit., p. 36.

121. Cioran, Œuvres, Écartèlement, op. cit., p. 1472.

122. Alain, Les Arts et les Dieux, Gallimard, «Bibliothèque de la Pléiade», 1958, p. 1058.

123. Stefan Zweig, Le Monde d'hier, in Romans, nouvelles et récits, tome II, Gallimard, «Bibliothèque de la Pléiade», 2013, p. 862.

124. Paul Ricœur, Soi-même comme un autre, Seuil, 1990.

125. Épictète, Ce qui dépend de nous, Arléa, 2004.

126. Cité par Ruwen Ogien, lors un entretien dans Philosophie magazine, n° 106, février 2017.

127. Nietzsche, Le Crépuscule des idoles (1888), Gallimard, «Folio essais », 1988.

128. Simone Weil, La Pesanteur et la grâce, Plon, 1948, p. 95.

129. Cité par Julian Barnes dans L'Homme en rouge, op. cit., p. 79.

130. Georges Duby, Guillaume le Maréchal, le meilleur chevalier du monde, Fayard, 1984.

131. Gustave Thibon, L'Illusion féconde, op. cit., p. 22.

132. Joseph Kessel, dans le prologue («L'Aïeul de tout le monde») du roman Les Cavaliers, Gallimard, 1967.

133. Steve Taylor, «Peut-on sortir renforcé(e) d'un trauma? », Cerveau & Psycho, n° 126, novembre 2020, p. 47-49. Voir aussi Tim Dalgleish et

al., «The Herald of Free Enterprise disaster : Lessons from the first ten years », Behavior Modification, 24(5), 2000, p. 673-699.

134. Alex P. Linley et Stephen Joseph, «Positive change following trauma and adversity: A review», Journal of Traumatic Stress, 17(1), 2004, p. 11-21.

135. Cioran, La Chute dans le temps, Gallimard, 1964, p. 144- 145.

136. Dans Les Faux-monnayeurs, Paris, Gallimard, 1925.

137. Cette phrase est prononcée par Blanche DuBois, à la fin du film Un tramway nommé désir. Élisabeth Quin, La nuit se lève, op. cit., p. 141.

138. Voir pour synthèse: Rébecca Shankland, Les Pouvoirs de la gratitude, Odile Jacob, 2016.

139. Blog de Jacques Drillon, Les Petits Papiers, n° 1, «Les tentures noires de Romain Gary», le 19 avril 2019.

140. Gilles Heuré, Album Kessel, Gallimard, «Albums de la Pléiade», 2020, p. 224.

141. Ce passage est inspiré de ma chronique dans la revue Kaizen n° 33, été 2017.

142. Anthologie de la poésie française, tome I, Gallimard, «Bibliothèque de la Pléiade», 2000, poème «La belle vieille», p. 984.

143. Émile Zola, Germinal (1885), Le Livre de Poche, 2000, chapitre V, p. 574.